武夷山下一壶茶

武夷茶文化知识通览

南平市文化和旅游局
武夷山市人民政府 编

海峡出版发行集团
海峡文艺出版社

图书在版编目(CIP)数据

武夷山水一壶茶:武夷茶文化知识通览/南平市文化和旅游局,武夷山市人民政府编. 一福州:海峡文艺出版社,2024.11(2025.1 重印)
ISBN 978-7-5550-3600-5

Ⅰ.TS971.21

中国国家版本馆 CIP 数据核字第 2024PN1087 号

武夷山水一壶茶——武夷茶文化知识通览

南平市文化和旅游局　武夷山市人民政府　编
出版人　林　滨
责任编辑　余明建
出版发行　海峡文艺出版社
经　　销　福建新华发行(集团)有限责任公司
社　　址　福州市东水路 76 号 14 层
发 行 部　0591—87536797
印　　刷　福州报业鸿升印刷有限责任公司
厂　　址　福州市仓山区建新镇建新北路 151 号
开　　本　787 毫米×1092 毫米　1/16
字　　数　254 千字
印　　张　14.75
版　　次　2024 年 11 月第 1 版
印　　次　2025 年 1 月第 2 次印刷
书　　号　ISBN 978-7-5550-3600-5
定　　价　56.00 元

《武夷山水一壶茶——武夷茶文化知识通览》编委会

序 >>>

千载儒释道，万古山水茶。奇秀甲东南的武夷山坐拥碧水丹山之境，秉持物华天宝之禀赋，为世界文化与自然遗产地，是首批国家公园。这里产茶历史悠久，茶树品种资源丰富，制茶工艺技术精湛，茶叶品质风味优异，茶文化底蕴深厚。

武夷山的产茶历史传颂于汉，见载于唐，兴盛于宋，贡御于元，改炒青于明，创乌龙、红茶于清。历代文士僧道为武夷茶笔墨珠玑，西方人亦为这“岩骨花香”所倾倒。武夷山还是近代茶叶科学研究的重镇，民国时期即设有福建示范茶厂、中央茶叶研究所等机构，吴觉农、蒋芸生、陈椽、庄晚芳、王泽农、张天福、庄任、林馥泉、叶鸣高、廖存仁等茶学大家在此开展了一系列茶叶科学技术研究，为中国茶业复兴作出了突出的贡献。新中国成立以来，武夷山茶产业在曲折中发展，而今已进入了健康快速发展时期。在党和政府的坚强领导与正确引领下，高校、行业、企业和茶人共同努力，在茶园生态管理、茶树品种选育、制茶技艺传承与创新、茶叶品牌文化构建、茶文旅等方面持续探索，让更多的武夷茶走进千家万户，飘香世界。

2021年3月22日，习近平总书记来到武夷山市星村镇燕子窠生态茶园，察看春茶长势，了解当地茶产业发展情况，强调“过去茶产业是你们这里脱贫攻坚的支柱产业，今后要成为乡村振兴的支柱产业。要统筹做好茶文化、茶产业、茶科技这篇大文章，坚持绿色发展方向，强化品牌意识，优化营销流通环境，打牢乡村振兴的产业基础”。“三茶”统筹发展理念为武夷茶产业的高质量发展指明了方向。

近年来，南平市深入贯彻落实习近平总书记来闽考察时关于“三茶”统筹发展的重要指示精神，牢固树立“三茶”统筹发展理念，把一片“叶”作为全市重点打造的生态优势产业之一，全力打造全国“三茶”统筹发展先行区。2022年11月，武夷岩茶(大红袍)制作技艺作为“中国传统制茶技艺及其相关习俗”之一被列入联合国教科文组织人类非物质文化遗产代表作名录，这标志着武夷岩茶与其他茶的制茶技艺及其相关习俗一道，已成为中国与世界人民相知相交、中华文明与世界其他文明交融互鉴的重要载体，是全人类文明共同的文化瑰宝。

武夷茶文化内涵丰富、底蕴深厚，曾出版过不少优秀著作，但缺乏一本基础性和普及型强的读物供武夷茶爱好者阅读分享。《武夷山水一壶茶——武夷茶文化知识通览》从历史文化、生态环境、制茶技艺、冲泡品鉴、非遗文化、品牌价值、风雅茶韵、健康价值、茶人精神等方面，全景式概览武夷茶的各个维度，文字晓畅，图文并茂，为广大武夷茶爱好者提供了一本科学性、知识性、通俗性与趣味性兼备的优秀读物。

谨以中宣部在《武夷茶文化》大型系列纪录片中的解说词作为本序的结尾，致敬武夷山水武夷茶——

如果把它看作是一种经济作物，它正不断地增加着地方和茶农们的收入，如果把它看作一种健康时尚的饮料，它正悄然地改变着人们生活的方式和理念；如果把它看作是一种文化现象，它已深深融入了这座城市的血脉和性格当中。

是为序。

中国工程院院士 湖南师范大学校长

刘仲华

2024年10月

前 言 >>>

王松雄

名冠大中华，山水一壶茶。峭壁天游路，九曲恋丹崖。武夷山汲天地之灵气，汇人文之精华，为中国四个“双世遗”之地和全国首批五个国家公园之一，位列中华十大名山。

武夷山是全球多样性保护的关键地区，是自然与人和谐相处的生态典范，有地球同纬度现存面积最大、保留最完整的中亚热带森林生态系统，是生物模式标本产地和珍稀、特有野生动物的基因库，被誉为“鸟的天堂”“蛇的王国”“昆虫的世界”。

武夷山有红色砂砾岩构成的丹霞地貌，三十六峰九十九岩雄姿挺立，九曲溪山环水绕悠悠流淌，兼具黄山之奇、桂林之秀、华山之峻和泰山之雄，演绎着生命生生不息、人与自然和谐共生的生态文明故事。

这里森林覆盖率高达80.46%，PM2.5平均浓度优于欧盟标准。空气中负氧离子含量最高达每立方厘米13.8万个，是一个呼吸都让你感动的地方。清新的空气，消除疲劳与压力，是一个可以让你慢下来、静下来的地方。

这里有两张世界级的名片。第一张是世界文化与自然双遗产地——武夷山。欲上天游看朝霞，云梯岂可负韶华。奈何秀色难解渴，坐品云窝深处茶。武夷山是一幅纯然天成的水墨画，中国最美的溪流——九曲溪，在这里转过三十六峰，拐了九道弯。九曲溪两岸的摩崖石刻，咏景抒情，体现古代文人墨客寄寓的人生哲理和处世情怀。行走于山水之间，宛如人在画中游，让人留连忘返。有诗曰：“鸟鸣空谷寺门新，九曲悠悠万木春。玉女回眸惊艳色，夕阳醉落古西津。”

武夷山还是文化圣地。“东周出孔丘，南宋有朱熹。中国古文化，泰山与武夷。”武夷文化铸就了一座座高峰：四千多年前千古之谜的船棺文化，三千多年前滋养丰厚的彭祖文化，两千多年前历史辉煌的闽越文化……近一千年前的宋代更是群星闪耀。荷花传语到他乡，半亩方塘一院香；源活水头何处觅，紫阳楼上诗书藏。南宋理学家大儒朱熹，在武夷山琴书五十载，构建了影响中外800多年的理学文化；婉约词派宗师柳永从武夷山走出，浅吟深唱传响大江南北，“凡有井水处，即能歌柳词”；还有辛弃疾、陆游、苏东坡、杨万里、王明阳等名士足迹遍布武夷，留下多少脍炙人口的诗文……

我本无心登佛门，奈何红袍太诱人。茶仙若是已有主，何来武夷耀凡尘。 这里还有儒释道三教同山的宗教文化，有“今日向何方，直指武夷山下”的“红旗不倒”红色文化，各种文化彼此交融，共同书写这部底蕴深厚的人文巨著。

另一张名片就是“世界茶乡”。青山不厌客来早，莫问红袍谁家好？他日若能如所愿，天游峰顶裁仙草。武夷山是世界红茶和乌龙茶的发祥地和“万里茶道”的起点，是中国茶文化艺术之乡。与山水相互濡染的大红袍被誉为“国之瑰宝”，以独特岩骨花香和厚重历史底蕴享誉世界，2006年武夷岩茶(大红袍)制作技艺被列入首批“国家非物质文化遗产”，2019年国家文物局又将万里茶道列入“中国世界文化遗产预备名单”。

岩缝奇长古树茶，老枝嫩叶细尖芽；无须炒作成茗品，不进寻常百姓家。毛泽东主席曾以四两大红袍赠予美国总统尼克松，成就了一段大国外交佳话。武夷茶改变了世界的味道——十七世纪，通过万里茶路，武夷茶被运往欧洲，后来葡萄牙公主凯瑟琳将武夷山正山小种带往英国王室，成为王室的御用茶，由此武夷山成了世界红茶的源头，而万里茶路的起点，就是武夷山的下梅村。岂料春风识故园，寻茶问道下梅村。千年不绝君山水，竟是梅溪万里源。

名山出名茶，名茶耀名山。武夷茶的历史可追溯到先秦时期关于彭祖、武夷君的传说；汉代已有入贡之记载；南北朝武夷山茶文化滥觞；唐代武夷茶已成为贡品和馈赠佳品；宋代武夷茶与北苑贡茶共同书写了建茶的辉煌；元代朝廷在武夷山设立御茶园；明朝中后期至清末，武夷茶引领中国茶出口西方，深刻影响世界政治、经济和人文进程；民国时期武夷山还设有福建示范茶厂、中央茶叶研究所等机构，滋养出吴觉农、蒋芸生、陈椽、张天福等一批茶叶专家，成为中国现代茶学摇篮；新中国成立后，武夷茶成为战略物资，为国家出口创汇贡献力量；21世纪，武夷岩茶制作技艺入选国家首批非物质文化遗产和人类非物质文化遗产名录，这一古老的产业焕发出了新的力量。已是春花百态开，满园绿色又谁栽？隔河遥望山茶女，疑是翩翩彩蝶来。新时代，武夷山茶产业在“三茶”统筹发展战略的指引下正走向新的辉煌，飘香世界。

南平市深入贯彻落实习近平总书记来闽考察时关于“三茶”统筹发展的重要指示精神，坚持以文化赋魂、科技赋能，做大做优做强茶产业，推动茶产业集群发展，实现“一片叶子，成就一个产业，富裕一方百姓”。

一是加大茶文化遗产保护力度。将茶文化遗产保护利用设施建设纳入城乡建设规划统筹布局，重点推进武夷茶博物馆等项目建设。组织编制《万里茶道（武夷山段）保护规划》，加快推进“万里茶道”申报世遗步伐。积极推动武夷岩茶（大红袍）制作技艺申报人类非物质文化遗产项目，加快推进武夷山正山小种红茶制作技艺申报国家级非物质文化遗产项目，有序推进茶文化区域整体性传承保护。目前，南平全市共有茶文化有关非遗项目37个，武夷岩茶（大红袍）制作技艺被列入国家级非物质文化遗产和人类非物质文化遗产名录。茶百戏、正山小种红茶制作技艺等9个列入省级非遗项目。全市现有茶文化有关国家级传承人3人，福建省级16人、南平市级161人。武夷山香江茶业获评2023～2025年国家级非物质文化遗产生产性保护示范基地。

二是挖掘茶文化蕴藏内涵。深入挖掘闽北茶文化蕴藏的生态、文化、交流等价值，形成科学、标准且各具地方特色的学习茶文化读本。录制一批以茶文化为主题的音频故事和短视频作品，编创一批茶歌舞节目、专题片，讲好茶故事。打造以武夷山自然山水为背景、以茶文化为主题的大型山水实景演出《印象大红袍》。截至2024年5月31日，《印象大红袍》演出近6000场，接待观众超800万人，销售收入超10亿元，成为武夷山旅游的标志性IP并入选2023年全国旅游市场演出优秀项目，为福建省唯一入选的旅游演出项目。

三是打造茶文旅融合示范项目。依托武夷山双世遗和国家公园名片，大力建设茶研学基地、特色茶庄园、茶传习所、观光茶工厂、茶主题生活馆等特色茶文旅项目，不断丰富茶文旅路线的要素资源。推出了更加丰富多元的健康假日旅游产品，比如推出“住茶宿、吃茶膳、行茶径、品茶趣、探茶乡、泡茶汤、赏茶戏、习非遗、学茶舞”为内容的“茶乡疗愈九式”，打造建瓯铁井栏、建阳考亭古街等一批非遗街区。印象大红袍获评国家文化产业示范基地，武夷山国家旅游度假区滨溪街区、建阳考亭古街文化街区获评国家级夜间文化和旅游消费集聚区。武夷岩茶（大红袍）制作技艺等10项非遗项目确定为第一批福建省级非遗与旅游融合发展推荐目录。

四是扩大茶文化对外交流。在国家图书馆开设“典籍里的中国茶（北苑贡茶）”专题展，武夷岩茶制作技艺、茶百戏等项目亮相中国国际进口博览会等重大展会活动。“武夷茶文化”非物质文化遗产在第三届文明交流互鉴对话会暨首届世界汉学家大会上展示，组织武夷星等茶企赴菲律宾、新加坡等国家开展茶文化交流活动。加强与“一带一路”“万里茶道”沿线城市交流合作。创新举办中国（武夷）红茶国际交流活动，扩大茶文化对外交流传播。推动武夷山与阿里山茶文旅交流，持续办好海峡两岸茶业博览会、两岸红茶文化节，搭建两岸茶品种、茶加工、茶文化深度交流合作平台，推动两岸茶产业融合发展，着力打造海峡两岸茶文旅融合发展示范区。

2022年11月，武夷岩茶（大红袍）制作技艺被列入联合国教科文组织人类非物质文化遗产代表作名录，这标志武夷岩茶已成为中国与世界人民相知相交、中华文明与世界其他文明交融互鉴的重要载体，是全人类文明共同的文化瑰宝。

满园飘香是谁家，一书一画一杯茶。春风不解云心事，偏惹院前桃李花。武夷山就是这样一首由一幅画、一片叶、一本书构成的山水茶交响诗篇。《武夷山水一壶茶——武夷茶文化知识通览》全景式概览武夷茶的各个维度，为广大读者提供一个了解武夷茶文化的窗口，谱写出新时代武夷岩茶的乐章，让这沁人心脾的茶香飘向诗和远方。

武夷山水一壶茶，南平欢迎您！

王松雄，南平市文旅局二级调研员、局机关党委书记，兼市文联党组成员、副主席，南平市作家协会原主席。中国诗词协会会员，福建省作家协会主席团委员。出版个人诗集《山水闲聆》被北京大学、清华大学图书馆收藏。主编《神奇洞宫山》《中国竹具工艺城》《朱子在南平》《红色记忆》《建盏百家》等。

目 录 >>>

第一章 厚重的历史文化

第一节 汉唐茶事——崇礼雅志 / 2

第二节 宋元雅韵——盛世茶兴 / 4

第三节 明清辉煌——饮誉天下 / 8

第四节 民国峥嵘——茶学摇篮 / 13

第五节 世纪复兴——茶旅新篇 / 15

第二章 优越的生态环境

第一节 得天独厚的自然环境 / 20

第二节 茶树品种的王国 / 24

第三节 武夷茶的山场文化 / 27

第三章 精湛的制茶技艺

第一节 武夷岩茶制作技艺历史渊源 / 34

第二节 武夷岩茶传统制作技艺工序 / 37

第三节 武夷红茶正山小种的起源 / 48

第四节 正山小种红茶传统制作工艺 / 52

第四章 优雅的冲泡品鉴

第一节 武夷茶品饮艺术历史变迁 / 60
第二节 武夷岩茶日常冲泡和品鉴 / 66
第三节 武夷红茶的日常冲泡与品鉴 / 71
第四节 武夷岩茶的感官审评 / 77

第五章 丰富的非遗文化

第一节 非遗技艺·武夷茶艺 / 84
第二节 游艺·武夷茶百戏 / 88
第三节 传统技艺·小种类茶 / 90
第四节 民间习俗·茶礼茶俗 / 95
第五节 传统技艺·建盏 / 100

第六章 突出的品牌价值

第一节 一叶武夷茶 半部世界史 / 106
第二节 乌龙茶和红茶发源地 / 112
第三节 万里茶道——茶香飘万里 / 121
第四节 岩茶之王——大红袍 / 125
第五节 千载儒释道 万古山水茶 / 136

第七章 浪漫的风雅茶韵

第一节 名篇佳句 / 142
第二节 丹崖之上的武夷茶文化 / 157
第三节 何为岩韵 / 164
第四节 茶宴茶膳 / 167

第八章 独特的健康价值

第一节 茶叶健康密码 / 174
第二节 武夷茶保健功能 / 176
第三节 武夷茶乡疗愈 / 179

第九章 不朽的茶人精神

第一节 古代茶人之道 / 194
第二节 民国茶人踔厉奋发 / 198
第三节 现代茶人砥砺前行 / 207

附录：1980～2023武夷茶大事记 / 211

参考文献 / 217

后记 / 220

第一章 厚重的历史文化

中国是茶的故乡，远古神农氏发现茶并为药饮，五千多年种茶、制茶、饮茶的历史进化过程也蕴育了厚重的茶文化。

武夷山历史悠久，物华天宝，人文荟萃，是中华十大名山之一。武夷山产茶的历史传颂于汉，见载于唐，兴盛于宋，贡御于元，改炒青于明，创乌龙茶、红茶于清。源远流长的历史文化是武夷山这个茶的故乡独特之魅力。

第一节 汉唐茶事——崇礼雅志

武夷茶始于何时？传说武夷山的开山鼻祖彭祖带领儿子彭武、彭夷开发出美丽的武夷山时，就曾以茶驯气、以茶养生，而得八百高寿。据胡浩川考证，武夷菜茶由野生种演变而来；《中国贡茶》记载，商周时期，周武王“伐纣会盟”时就有南方八小国献茶之事，而生活在闽北的闽濮族所进献的正是武夷茶。相传汉武帝得知武夷山产好茶，即令建州太守搜寻，并令将之纳为贡品。北宋大文学家苏轼在《叶嘉传》中描述了汉武帝品武夷茶之情节，“启乃心，沃朕心”，“真清白之士也”。说明早在两千多年前西汉武帝时代（前140～前87），武夷山先民已有饮茶习惯，武夷茶即为贡品。

至南北朝，梁代著名文学家江淹任吴兴县令（今福建省浦城县）时撰文《建安记》，用“碧水丹山”“珍木灵草”赞美武夷山及其茶。如今“碧水丹山”“珍木灵草”已广用为对武夷山和武夷茶的赞美与代称。

据《全唐文》载，茶在唐代已“上达于天子，赐名臣，留上客”，是帝王臣子，文人墨客竞相追逐、馈赠的佳品。唐代陆羽著《茶经》，其中记载：“茶者，南方之嘉木也。”“岭南，生福州、建州、韶州、象州……往往得之，其味极佳。”唐代福州旧治在今闽侯县东北，建州即今建瓯市一带，武夷山隶属于建州。

唐贞元年间（785～804），福建观察使兼建州刺史常衮在建州主持改革茶的制作工艺，把蒸青茶叶研末和膏，压成茶饼，创制了研膏茶，俗称“片茶”。这与陆羽《茶经》中记载的做法“采之，蒸之，捣之，拍之，焙之，穿之，封之……”一致。

唐元和年间（806～820），有一位叫孙樵的文学家送给他的朋友焦刑部十五个武夷茶饼，还附带了一封信，信中写道：

晚甘侯十五人，遣侍斋阁。此徒皆请雷而摘，拜水而和。盖建阳丹山碧水之乡，月涧云龛之品，慎勿贱用之。

书信中，孙樵把武夷茶称为“晚甘侯”，“晚甘”指回甘持久，滋味醇厚；侯，则是对茶叶拟人化的尊称，“茶中侯爵”突出了武夷茶的尊贵；把在春天采制茶叶，比喻为请雷而摘，拜水而和；把生长茶叶的武夷山峰岩誉为“月涧云龛”。这是至今发现的第一篇明确记载武夷茶的文字，“晚甘侯”也是武夷茶最早的拟人化名称，被后人广为引用。

唐乾宁年间（894～898），又有一位叫徐夤的文学家，写了《尚书惠蜡面茶》一诗，是武夷山乃至福建最早的茶诗。诗云：

武夷春暖月初圆，采摘新芽献地仙。飞鹊印成香蜡片，啼猿溪走木兰船。金槽和碾沉香末，冰碗轻涵翠缕烟。分赠恩深知最异，晚铛宜煮北山泉。

诗中全面生动地写到了武夷茶的采制时间（春季），茶的习俗礼祭（献地仙）、制作工艺（飞鹊图案）、生长环境（“啼猿”）、运输方式（木兰船）、品饮方式（加沉香末煮茶）、茶具和用水（冰碗、北山泉）以及受赠者的感激情怀。

在孙樵的书札和徐夤的诗句中，明确地指出了武夷茶在9世纪初已作为馈赠之品，其采制技术已属可观，因此其栽植自必较此更早。

第二节 宋元雅韵——盛世茶兴

宋代是我国茶叶历史发展的鼎盛期，朝野及民间饮茶之风盛行。宋代贡茶因气候变冷而由浙江顾渚移至福建建州，产于武夷茶区的北苑贡茶（也称建茶、武夷茶）得到了统治者的推崇，宋徽宗更是专门为其撰写《大观茶论》。先后担任福建转运使的丁谓、蔡襄分别创制出了大、小龙团，把建茶做到极致。北宋文学家苏东坡的诗作《荔支叹》中写道："君不见武夷溪边粟粒芽，前丁后蔡相笼加。"宋徽宗在《大观茶论》中写道："本朝之兴，岁修建溪之贡，龙团凤饼，名冠天下。"

宋代茶饼的制作不再是单纯的捣压成饼，而是还将经过研磨，再倒入模具中压饼烘干。盛行一时的龙团凤饼，就是以带有龙凤图案的模具压制成的茶饼。而龙凤图案也历来是皇家所专用，显然，在当时，龙团凤饼已经不仅是一种饮品，更成为一种身份的象征。

龙凤团茶被创制出来之后，其饮用方式——"点茶"也应运而生，宋人点茶法是将研细后的茶末放在茶盏中冲入沸水调羹，然后慢慢注入沸水，用

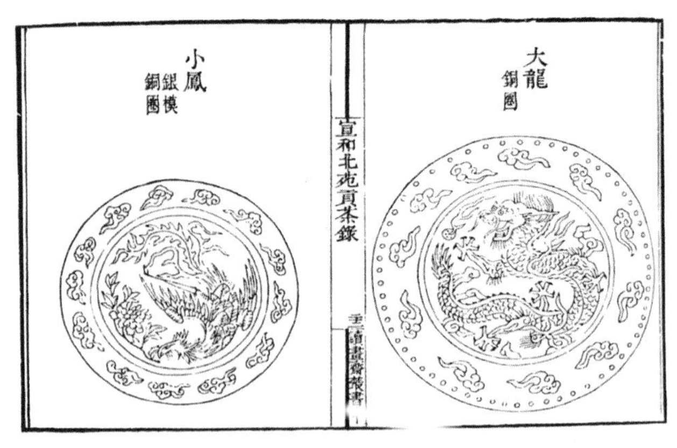

北苑贡茶龙团凤饼茶模具

茶筅击拂，调匀后再饮用。后来文人雅士在点茶的基础上，衍生出了“分茶”艺术，是让调匀茶汤的盏面上汤纹水脉幻变出种种图样，恰似一幅幅水墨画。

为了满足朝廷对贡茶的大量需求，茶官从民焙中采用“斗茶”的方式遴选优质茶品弥补贡茶产量的不足，苏东坡有诗曰：“争新买宠各出意，今年斗品充官茶……”斗茶又叫“茗战”，随着茶文化推广，也逐渐成为茶友们在一起比试茶的品质、点茶技艺、比斗器具的茶事活动。

宋代盛行斗茶，武夷茶不仅成为北苑贡茶和斗茶游艺项目的选品，武夷茶文化还与儒家和道教文化产生了密切联系。宋代大儒朱熹、文学大家欧阳修、苏轼、袁枢、范仲淹等都是武夷茶的超级“票友”，纷纷把茶写入了他们的诗词中。范仲淹《和章岷从事斗茶歌》中对武夷茶有详细的记载，朱熹在武夷山生活50年，写过一系列茶诗，例如《咏茶》：“武夷高处是蓬莱，采得灵根手自栽……”

宋《斗浆图》

武夷茶的制作工艺、品饮方法和品饮器具在宋代传入日本，为日本茶道的形成提供了基础，至今日本高级抹茶的制作和加工方式仍与宋代建茶（武夷茶）基本相似。随着抹茶道的兴起，发源于武夷山下的斗茶和建盏也在日本盛行起来。上述表明，宋朝是武夷岩茶文化系统发展的兴盛期。不同的思想以茶叶为中心在武夷山交汇，形成了宋代武夷茶文化系统发展的兴盛期。

在元代，武夷茶不止被汉人所喜爱，更征服了辽国后人、丞相耶律楚材。耶律楚材随元太祖铁木真西征时，在西域向正在岭南的好友王君玉讨要茶，并以诗来记载道：“积年不啜建溪茶，心窍黄尘塞五车。敢乞君侯分数饼，暂教清兴绕烟霞。”（《咏茶诗》）耶律丞相借诗表达了自己没有喝到武夷茶，心中像塞满黄土一样阻滞难耐的感受。

元世祖忽必烈称帝后，沿袭宋代部分朝贡形式，广征各地佳茗，地方官员也千方百计搜集好茶入贡，“江浙行省平章高兴过武夷，制石乳数斤入献。十九年乃令县官莅之，岁贡二十斤，采摘户凡八十。大德五年，兴之子久住为邵武路主管，就近至武夷督造贡茶，明年，创焙局，称为御茶园……

岁额浸广，增户至二百五十，茶三百六十斤，制龙团五千饼……每岁春，致祭喊山，制茶入贡，迨至正末，额凡九百九十斤，明初仍之……”（清王梓《武夷山志》），这段记载描绘出元代贡茶的历史：至元十六年（1279），时任福建转运使一位叫高兴的右副都元帅在上任时路过武夷山，喝到一款名为“石乳”的武夷茶，回味无穷，爱不释手。当地冲佑观道士建议他以此茶入贡，于是，高兴在建茶产地建宁府（今建瓯）建帅府，亲自督促地方官员监制“石乳”。当年秋，高兴将“石乳”茶觐献给皇帝，深得赞赏。自此，朝廷便要求由当地官员承办此茶入贡。元大德五年（1301），忽必烈的孙子铁穆耳诏令时任邵武路总管的高兴长子高久住，到邻近的武夷山监制贡茶，并指派崇安县邑人孙瑀在武夷山四曲兴建皇家御茶园，专门制作贡茶。从元至元十六年（1279）到明嘉靖三十六年（1557），御茶园开始了长达二百七十多年的贡茶史，当时“园中场工250户，采制贡茶360斤，龙凤茶5000饼以入贡”。御茶园布局恢宏，园内有仁风门、拜发殿、清神堂、思敬亭、焙芳亭、燕嘉亭、宜寂亭、浮光亭、碧云桥，又有井“号通仙井，覆以龙亭，皆极丹雘之盛”。元泰定五年（1328），崇安令张端本重新修葺，并增建左右两场；至顺三年（1332），建宁府总管暗都剌在通仙井畔建筑“台高五尺，方一丈六尺，曰喊山台，亭其上，曰喊泉亭，因称井为呼来

元代御茶园遗址图

武夷山御茶园

泉”“环以栏楯，植以茶木”为祭祀之所。旧时亭台，今仍留有数处遗址。每年惊蛰之日，御茶园官吏偕县丞都将率属下官员登临喊山台致祭，这充分表达了人们对武夷茶的尊重和制茶的隆重，从而也形成了当地独特的“喊山祭茶”仪式，这项美好的传统风俗也一直保存至今。

第三节 明清辉煌——饮誉天下

（一）明茶改制

明洪武二十四年（1391），明太祖朱元璋体恤百姓，下诏罢贡龙凤团茶，改贡散茶。"……茶名有四：曰探春、先春、次春、紫笋，不得碾揉为大小龙团，然而祀典贡额，犹如故也。嘉靖三十六年，建宁太守钱嶫，因山茶枯……御茶改贡延平，自此遂罢茶场，园寻废。"（清王梓《武夷山志》），改制散茶后，御茶园渐渐荒废，北苑贡茶也因此衰落。御茶园荒废之后，茶叶的生产中心也发生了变化，移至了"三坑两涧"。而"罢龙团，改制散茶"诏令的逐步实施，看似减轻了农民的负担，却因进贡茶叶的数量不断增加，茶农苦不堪言，出现茶园抛荒、产量下降，造成了"景泰年间茶久荒"的低迷时代。明代后期引进安徽松萝炒青绿茶制法，是一大进步。《闽小纪》有云："崇安殷令招黄山僧，以松萝法制建茶，堪并驾，今年来分得数两，甚珍重之，时有武夷松萝之目。"陈椽教授对此评价："炒青绿茶发展，是制茶领域里的大革命。"许次纾在《茶疏》中也赞曰："江南之茶，唐人首称阳羡，宋人最重建州……惟有武夷雨前最胜。"当时武夷所制松萝："经旬日，仍紫赤如故……""紫赤"，乃发酵茶之端倪，为红茶、乌龙茶制作工艺奠定了基础。徐㶿在其《茶考》中记载："环九曲之内，不下数百家，皆以种茶为业，岁所产数十万斤。水浮陆转，鬻之四方，而武夷之名甲于海内矣。"武夷茶因为罢造团茶，改制散茶，制法由蒸青团饼茶制法改为晒青、蒸青散茶制法，后期改进为炒青绿茶，对散茶的色香味形提出了更高的要求，直接推动了工艺上的改革和创新，最终促成了乌龙茶工艺和红茶工艺的诞生。

从1405至1431年，郑和七次下西洋，都曾在福建的港口驻泊招兵买马。由于海上缺少蔬菜水果，得依赖饮茶来助消化，于是，福建籍的船员带动起

来的饮茶习俗便随着船队的出使带到了东南亚各国。明隆庆初年（1567），朝廷局部开放海禁，允许福建漳州月港“准贩东、西二洋”，以征收商税，增加财政收入，同时海上组织也开始与荷兰、葡萄牙等西方国家从事海上贸易。明万历三十五年（1607），荷兰商船来澳门购运武夷茶并于1610年转运至欧洲，开启了武夷茶外销先河。

（二）红岩“两生花”

清代是武夷茶走向辉煌的时代。在此期间，武夷山在炒青绿茶的基础上创制了乌龙茶和红茶两大制茶工艺，武夷茶作为中国茶的代言，通过海上、陆上多条的贸易茶路走向了世界，武夷茶成为部分欧洲人日常必需的饮品，当时一些欧洲人把武夷茶称为“中国茶”，它的品饮方式也成为一种风尚影响着世界。可以说，从17世纪开始到18世纪，全世界都流行着“吃茶去”。

根据史料记载，武夷山的僧人和茶工在掌握了明代后期引进的安徽松萝炒青绿茶制法后，武夷茶园的集中地由九曲溪北向三条坑（慧苑坑、大坑口和牛栏坑）转移。由于三条坑山高地形复杂，时有鲜叶采摘后未能及时运回付制，采摘的茶青在茶篓里水分散发而自然萎凋，同时采茶工不停地走动，使茶青在茶篓里因受抖动而相互碰撞，并与篓壁摩擦，相当于起到了摇青作用。此外，受武夷山地域生态条件影响或因小气候多变，使制作绿茶加入了发酵因素。在种种因素的影响下，炒制的绿茶既有特殊的花果香又有较浓厚的味道，这也激发了武夷茶人的灵感，从无意的自然变化现象，到人为有意识地将茶青摊晾或日晒，然后加以抖动或摇晃，等到变化达到一定程度时炒青而制成的茶，品质不断提高，形成独有风味。武夷茶人在不断试验、改进中，摸索出了一套新的制茶工艺，它包括了晒、摊、摝（摇）、炒、焙等环节，王草堂在《茶说》中较全面记载了武夷岩茶的制作方法：“茶采后以竹筐匀铺，架于风日中，名曰晒青……”在形成这个制作工艺的过程中，人们发现由于做青程度的不同，制作出的茶的滋味和香气也不同：发酵程度中等的茶呈绿叶红镶边，后来

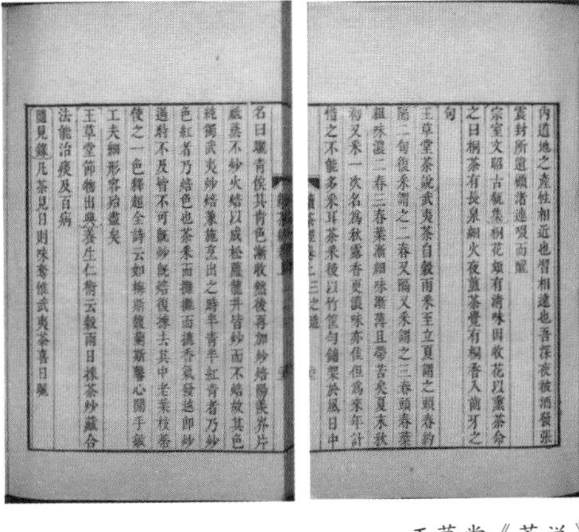
內遊地之產性相近也習相遠也吾深夜被酒發張
雲封所遺櫝諸遠嘗而擬
宗室文昭古瓻集桐花頗有清味因收花以熏茶命
之曰桐茶有長泉細火夜煎茶覺有桐香入齒牙之
句
王草堂茶說武夷茶自穀雨采至立夏謂之頭春約
隔二旬復采謂之二春又隔又采謂之三春頭春葉
粗味濃二春三春葉漸細味漸薄且帶苦矣夏末秋
初又采一次名爲秋露香更濃味亦佳但爲來年計
惜之不能多采耳茶采後以竹筐勻鋪架於風日中
名曰曬青俟其青色漸收然後再加炒焙陽羨岕片
祇蒸不炒火焙以成松蘿龍井皆炒而不焙故其色
純獨武夷炒焙兼施烹出之時半青半紅青者乃炒
色紅者乃焙色也茶采而攤攤而摝香氣發越即炒
過時不及皆不可既炒既焙復揀去其中老葉枝蒂
使之一色釋超全詩云如梅斯馥蘭斯馨心閒手敏
工夫細形容殆盡矣
王草堂節物出典養生仁術云穀雨日採茶炒藏合
法能治痰及百病
隨見錄 凡茶見日則味奪惟武夷茶喜日曬

王草堂《茶说》

被称为“青茶”（岩茶），由于“青茶”的成品茶条索形同乌龙，所以也被人们通俗地称为“乌龙茶”；而茶叶发酵程度较高的，做出来的茶呈红叶红汤，滋味更加醇厚，就被称为“红茶”。今天看来，制作工艺、发酵程度不同的红茶和乌龙茶，在明末清初相伴而生，至此，武夷茶衍生出了乌龙茶和红茶，武夷山也因此成为世界乌龙茶和红茶的发源地。

（三）茶路汇通茗满世界

作为世界红茶和乌龙茶的发源地——武夷山，成为中国茶叶外销之路的重要起点，万里茶路的开辟，海上茶路的发展，使得武夷茶从中国走向了世界。

清代茶商对茶叶进行装箱贩运

1607年，荷兰东印度公司率先到我国的沿海一带从事私下茶贸易活动，采购武夷茶经爪哇转销欧洲各地。武夷茶成为部分欧洲人日常必需的饮品，当时一些欧洲人把武夷茶称为“中国茶”，他们把闽南人对茶的发音“tey”带回了欧洲，后来又逐步转变成英语“tea”和法语“the”。此后，由于茶叶具有帮助消化的功能，而且茶叶中的生物碱具有一定的上瘾性，西方人在逐渐养成了喝茶习惯的同时，他们很快就对中国茶产生了依赖，随后的三个世纪，西方人纷纷把贸易的重心转向了中国的茶叶，在不同的时代，随着世界格局和清政府政策的变化，出现了多条从武夷山通向世界各地的茶叶贸易之路。

清代康、乾年间，武夷山梅溪下游的下梅村曾是武夷山最为重要的茶市，也是著名的“万里茶路”的起点。1727年，中俄签订《恰克图界约》，确定恰克图为中、俄互市地点。山西的晋商率先嗅到了商机，不远万里贩运武夷茶，他们从武夷山出发，途经江西、湖北、河南、山西、内蒙古等两百多座城市和集镇，以挑夫、船筏、马帮、驼队相继接力，将茶运到恰克图交易，再由俄罗斯商人运往莫斯科、圣彼得堡，进入欧洲，全长上万公里，这条“万里茶路”被喻为联通中俄两国商贸友谊的“世纪动脉”。

1757年，清政府关闭了江、浙、闽等省海关，实行广州“一口通商”，确定广州十三家洋行署理对外贸易事务，即为“广州十三行”，英美等外国商人在此与中国贸易，茶叶在这里成为最大宗商品，广州也一度成为中国茶出口的唯一口岸。

然而，为了攫取高额利润，东印度公司处心积虑谋求开辟一条 “最靠近上等华茶出产地”的新茶路。至1853年，在美国旗昌洋行的努力开创下，福州成为重要的茶叶市场，该公司大量采购的武夷茶用船筏顺着闽江运至福州，极大地节省了武夷茶运输成本，西方人由此找到了武夷茶最近的出海口，福州港也因此成为茶叶大港，持续了半个多世纪的辉煌。

（四）茗香“饮”誉天下

在清代，武夷茶利用茶叶发酵技术，创制出适合泡饮的乌龙茶和红茶，并形成精细的工夫茶，“一日不可无茶”的乾隆皇帝在其《冬夜煎茶》诗中描述道：“就中武夷品最佳，气味清和兼骨鲠。”这位善于烹茶品茗的皇帝品出了武夷岩茶的“岩骨”；梁章钜在他的《归田琐记》中以“香、清、甘、活”概括了“茶品四等”；而袁枚的《随园食单》则提到了“杯小如胡桃，壶小如香橼”的工夫茶品饮方式。

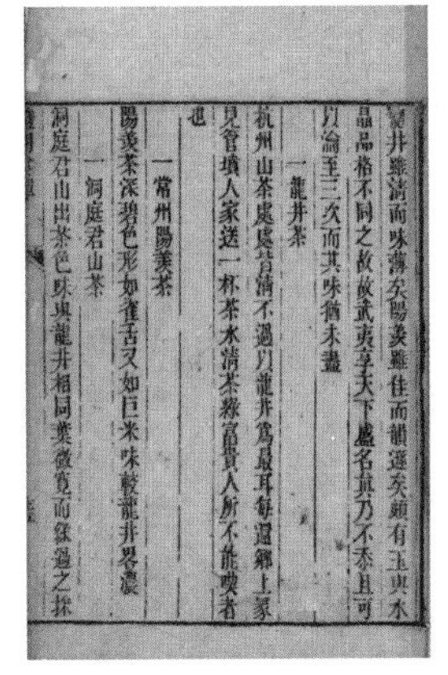
龍井雖清而味薄矣陽羨雖佳而韻遜矣頗有玉與水
晶品格不同之故故武夷享天下盛名真乃不忝且可
以瀹至三次而其味猶未盡
一龍井茶
杭州山茶處處皆清不過以龍井爲最耳每還鄉上冢
見管墳人家送一杯茶水清茶綠富貴人所不能喫者
也
一常州陽羨茶
陽羨茶深碧色形如雀舌又如巨米味較龍井畧濃
一洞庭君山茶
洞庭君山出茶色味與龍井相同葉微寬而綠過之採

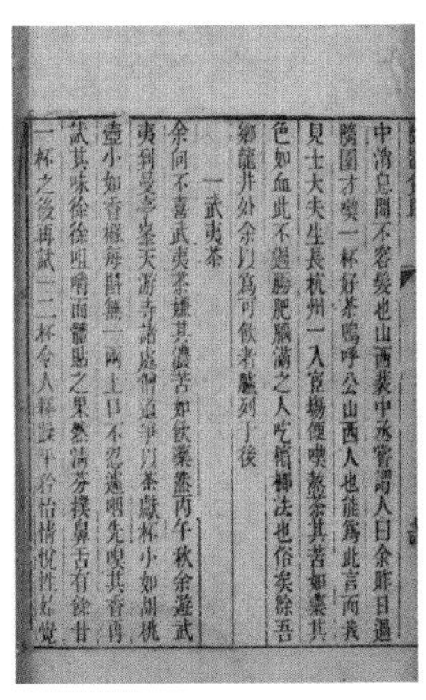
中消息聞不客氣也山西裴中丞嘗謂人曰余昨日過
隨園才喫一杯好茶嗚呼公山西人也能爲此言而我
見士大夫生長杭州一入宦場便喫熬茶其苦如藥其
色如血此不過腸肥腦滿之人吃檳榔法也俗矣除吾
鄉龍井外余以爲可飲者臚列于後
一武夷茶
余向不喜武夷茶嫌其濃苦如飲藥然丙午秋余遊武
夷到曼亭峯天遊寺諸處僧道爭以茶獻杯小如胡桃
壺小如香櫞每斟無一兩上口不忍遽咽先嗅其香再
試其味徐徐咀嚼而體貼之果然清芬撲鼻舌有餘甘
一杯之後再試一二杯令人釋躁平矜怡情悅性始覺

袁枚《随园食单》

中国人优雅的饮茶风尚，以及充满艺术感的饮茶礼节，吸引了欧洲国家的饮茶国民，武夷茶不仅是上流社会的钟爱，也出现在大多数平常家庭的餐桌上。17世纪，中国茶叶的出口，约占到出口货物的90%，已然超过瓷器和丝绸。1662年，葡萄牙公主凯瑟琳嫁给英国国王查理二世时，她的陪嫁物品中，就有中国的茶具和茶叶。她在英国宫廷向英国王室和贵族展示了茶文化的风雅，掀起一阵“中国风”。与此同时，武夷茶进入英国宫廷，形成了“维多利亚下午茶”，并由英国发端，渗透进了西方的政治、经济、文化结构，最终形成了与东方文化相映成趣的“茶文化”。

美国人威廉·乌克斯在《茶叶全书》中记载：“最早运到欧洲的中国茶

是武夷茶……”1773年波士顿倾茶事件的“主角”也是武夷茶；被称为“茶叶大盗”的罗伯特·福琼于1834年、1849年两度潜入中国猎取了武夷茶的茶种及其相关技术，让茶叶从中国传统文化下的农产品变成了全球通用的工业品，结束了中国对世界茶叶市场的垄断地位。19世纪20年代开始，武夷茶树向外传播种植，至今已在多个国家安家落户。这一切都源于清代以武夷茶为代表的中国茶对国际市场的影响。所以，英国学者艾伦·麦克法兰在他的著作《绿色黄金：茶叶帝国》一书中说道：“只有茶叶成功地征服了全世界。”

第四节 民国峥嵘——茶学摇篮

辛亥革命以后，因民国期间连年战争，全国茶产区的大部分茶厂停产倒闭，武夷山茶产业也受到极大的影响，产量大大减少。但由于武夷山地处内地山区，并未因战火遭到破坏，因此，在20世纪三四十年代，武夷山成为有志之士复兴茶业的全国性重要基地。

1938年，由于日寇侵略，战事愈演愈烈，张天福先生奉令将福建茶叶改良场迁移至崇安（今武夷山市）赤石，改名为“福建省农业改进处崇安茶业改良场”。至此，近代中国的茶叶科研工作根植于崇安。1940年，中国茶叶公司和福建省在武夷山合资兴办“福建示范茶厂”，合并了崇安茶业改良场，下设福安、福鼎分厂和武夷、星村、政和直属制茶所，由张天福任厂长，庄晚芳任副厂长，吴振铎等任茶师。当时示范茶厂作为福建的茶叶生产研究基地，开辟茶园4000多亩，建立了品种园，进行扦插、茶籽播种、茶苗种植等实验，进行闽茶分级，成功研发出了“九一八”揉茶机，同时还兴办了砖瓦厂、锯木厂、畜牧场等，以副业养茶业，武夷山成为有志之士复兴茶业的试验田。

1942年，全国第一所茶叶研究所——财政部贸易委员会茶叶研究所由吴觉农先生一手创办选址。研究所前身是吴觉农先生创办的东南改良总厂，地址在今天衢州市的万川。由于太平洋战争爆发，特别是1942年5月日本发起了“衢州会战”，当时全国的抗战形势都十分危急，几个著名茶区都陷落为敌占区，因此，茶叶研究所从万川搬迁至武夷山区，武夷山成为这些茶人的栖息之地。

众多茶叶工作者在武夷山以复兴中国茶业为己任，实干兴邦。茶学专家撰写了茶业文献，创办了多种期刊，其中包括《武夷通讯》《茶叶研究》等。著名的有林馥泉的《武夷茶叶之生产制造及运销》、王泽农的《武夷茶

福建示范茶厂奠基典礼纪念石

茶场老厂房

岩土壤》、吴觉农的《整理武夷茶区计划书》、廖存仁的《武夷岩茶》、张天福的《一年来的福建示范茶厂》，以及茶叶管理局出版的期刊《茶讯》《闽茶季刊》。

以上所列的茶界前辈在兢兢业业的学术精神之下，在武夷山茶叶研究所进行了茶树更新、茶树栽培实验、制茶方法改进、土壤和茶叶内含物质化验、编印茶叶刊物、推广新技术等，取得了丰硕的成果，对中国茶业的发展作出了巨大的贡献。这些茶人在中华人民共和国成立后分散到了全国各个地区各个岗位，都成为茶叶领域的佼佼者和茶叶专家。其中吴觉农、蒋芸生、王泽农、庄晚芳、陈椽、李联标、张天福七人被列为当代十大著名茶叶专家。

强大的茶叶专家团队云集武夷山，造就出一部波澜壮阔的茶业史，专家们以武夷茶为标本进行科学研究，把本来就一直处于制茶技艺前沿的武夷茶推上更高一层楼，也为中国茶产业的发展史写下了浓墨重彩的一笔。

第五节 世纪复兴——茶旅新篇

随着市场经济发展，武夷岩茶进入了快速发展的阶段。目前，武夷山发挥茶叶深厚的文化底蕴和独特的自然环境优势，打造武夷岩茶品牌，成为市场的热销产品。

（一）茶旅互促创品牌

武夷茶业的发展历史随着新中国的建设历经了长久艰苦的岁月，在此期间因为有众多茶界前辈的辛劳付出与努力，不断地探索与改进茶叶的科学种植、土壤优化、工艺进步等等，与此同时，岩茶更是受到了众多茶叶爱好者的喜爱和关注，武夷茶根据自身的特点，开启了复兴之路。武夷岩茶的近代发展历史进程大致分为三个主要的阶段。

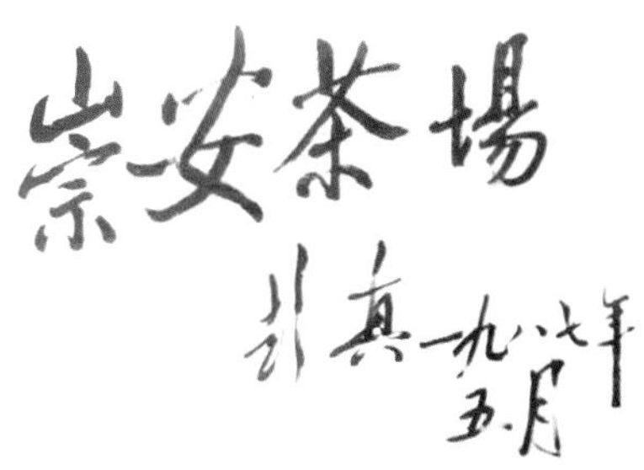

彭真题“崇安茶场”

上世纪八十年代茶场的拣剔车间

新中国成立至1984年，是武夷茶发展经历的统购统销时期，国家实行茶叶统购政策，茶叶归国家统一经营。解放初期，原“崇安示范茶厂”改名为“国营崇安茶场”，在20世纪八九十年代，作为武夷岩茶的主要出口加工基地，崇安茶场年出口创汇达百万美元，成为全县最大的茶叶生产基地。在茶叶科学研究方面，武夷山继续巩固解放前作为全国茶叶科学研究前沿阵地的成果，在姚月明、陈书省、陈德华、罗盛财等

民间斗茶赛

海峡两岸茶业博览会

一大批老一辈茶叶专家的带领下，致力于大红袍母树的无性繁殖，并广为种植和推广、进行商品包装的开发，初步打响了大红袍品牌。同时保护和繁育本地的优良品种，引进适应当地的外来品种，武夷名丛肉桂就多次在国家、省、市级参赛中获得桂冠。

1985年到2005年，是茶产业商品化时期，随着改革开放的深入扩大，武夷茶文化也得到快速的挖掘和发展，1990年，武夷山市政府举办首届岩茶节；2003年武夷山获文化部授予首个“中国茶文化艺术之乡”称号。这一时期结合茶文化的发展，创编了武夷茶艺，创办了斗茶赛等活动，当地政府开始有意识地实施“以茶促旅，以旅兴茶”的发展战略。

此后十多年间，武夷山先后举办了多届岩茶节、国际无我茶会、民间斗茶赛、海峡两岸茶业博览会等多种形式的茶文化活动。1999年，武夷山列入世界文化与自然遗产名录，茶文化成为武夷山文化遗产的重要组成部分，得到了进一步弘扬。

（二）“三茶”统筹谱新篇

随着科技与社会的发展，如今的武夷山，已经成为世界级的文化和自然双遗产地，首批国家公园，武夷岩茶的传统制作技艺也成了国家级首批的非物质文化遗产。在近代茶文化的强势传播之下，武夷山的岩茶品牌得到了很大的提升。

2006年起，武夷岩茶产业进入品牌化高速发展阶段，以茶文化的大繁荣带动品牌传播为主要特征。2006年，以武夷岩茶传统制作技艺列入国家级首批非物质文化遗产名录为契机，各种茶旅融合的营销活动大力开展，茶事大兴，海峡茶博会、民间斗茶赛、互联网斗茶赛等一系列品牌节事活动持续举办，大型实景演出《印象大红袍》开演，为武夷山茶文化传播注入了新鲜血液。在茶文化的传播之下，武夷山大红袍的品牌价值得到巨大提升，2018年，首次参加品牌价值评估，获得了690多亿元的品牌价值评估，品牌强度位列茶类第一。同时，通过互联网斗茶赛事的举办，武夷茶馆的推广，武夷茶品牌也再度走出了国门，走向了全世界。武夷山以茶文化带动起来的研学、养生、非遗文化体验等旅游，也在持续地实现着武夷山“以茶促旅，以旅兴茶”的指导方针，在茶旅互动方面始终走在全国的前沿。近十年来，武夷山市茶叶生产规模、茶园面积和产量持续不断扩大，品牌建设稳步加强。2021年3月22日，习近平总书记来到武夷山燕子窠生态茶园考察，就统筹做好“三茶”大文章作出重要指示，为茶产业的发展指明了方向和路径。武夷山茶产业发展又翻开了历史新篇章。

燕子窠生态茶园

印象大红袍山水实景演出

从新中国成立以来，武夷山茶叶产量从1948年的13吨增加至2022年的2.38万吨以上，茶山面积达14.8万亩，注册茶企业7000余家，涉茶人数12万余人，茶产业已发展成为武夷山市改善农民生计和促进乡村振兴和发展的支柱产业。2017年，武夷岩茶入选“中国十大茶叶区域公用品牌”。2022年，武夷岩茶（大红袍）制作技艺作为“中国传统制茶技艺及其相关习俗”之一列入人类非物质文化遗产代表作名录，武夷茶产业迎来了新的发展黄金时期。

第二章 优越的生态环境

武夷山，有“奇秀甲于东南”之誉。境内地质属白垩纪武夷层，典型的丹霞地貌，碧水丹山，峭峰深壑，高山幽泉，烂石砾壤，迷雾沛雨，早阳多阴，最适宜茶树生长。因此，武夷山又是茶树生长繁衍发育的乐园，丁耀亢有诗云：“茶味生于水，茶质产于石。水石具清芬，厚薄有资始。”

武夷山九曲溪

第一节 得天独厚的自然环境

武夷山“碧水丹山”的自然环境是武夷茶所特有的生长环境，其地势、地貌、土壤、光照、温湿度等，都与武夷岩茶优异品质的形成有着莫大的关系。优越的自然条件孕育出岩茶独特的韵味。

（一）地理

武夷山位于北纬27° ~28° 、东经117° ~118° 之间，处于“黄金纬度带”中。武夷山在武夷山脉的东南坡，是典型的中亚热带季风气候区，温暖湿润。

（二）地貌

武夷山地区经历了漫长的地质演变过程，主要分布了前震旦系和震旦系的变质岩系，中生代的火山岩、花岗岩和碎屑岩。在中生代晚期，本区发生了强烈的火山喷发活动，奠定了武夷山地貌的基本骨架，下部为石英斑岩，中部为砾岩、红砂岩、页岩、凝灰岩及火山砾岩五者相间成层，山内茶区土壤之成土母岩，绝大部分为火山砾岩、红砂岩及页岩组成，因此，白垩纪晚期的红色砂砾岩是武夷山丹霞地貌的主体。

武夷山丹霞地貌

（三）地势

武夷山自然保护区境内的最高处为黄岗山，海拔2160.8米，在中国大陆称为“华东屋脊”，最低处兴田镇，海拔165米，东、西、北部群山环抱，地貌层次分明，从河谷平原开始，依次为山间盆谷、低丘、高丘、低山、中山，形成阶梯状地貌。海拔对茶叶品质的影响，实质上也是气候因素造成的，海拔每上升100米，气温降低0.5℃，武夷山茶区平均海拔650米，适宜茶树种植和生长。

（四）土壤

陆羽《茶经》称“上者生烂石，中者生砾壤，下者生黄土”。武夷山茶园土壤大多为烂石或砾壤，绝大部分为火山砾岩、红砂岩及页岩组成。这样的土壤土层酸碱适度，其pH值约在3.5 ~ 6.5之间，且具有良好的渗透性。光合能力强，有机物的化合物积累量较多，非常适合茶树的生长。

（五）光照

武夷山茶区四周多为溪壑，岩峰耸立，翘首向东，森林植被茂密，形成散射光多；山间常年云雾缭绕，早阳多阴，日照时间短，形成岩茶优异品质的独特环境。

（六）温湿度

武夷山四季分明，温度适宜，雨量充沛，年平均气温16℃～25℃。茶区气候温和，冬暖夏凉，年平均气温在18℃上下，年平均年降水量在1600～3700毫米之间，武夷山自然保护区（桐木关茶区）一般年均降水量2000～3400毫米，局部地区达3700毫米，全区各月降水不均，3～9月雨量较为集中，初春、冬末偏少。年平均相对湿度在80%，适宜茶树生长。同时复杂的地貌类型和温暖湿润的季风气候造成了武夷山多样的小气候类型。

（七）生态资源

武夷山有着无与伦比的生态人文资源。是全国唯一一个既是世界人与生

武夷山茶园环境

武夷山岩壁流水

物圈保护区，又是世界“双遗产”的保护地。辖区森林覆盖率达80.5%，茶树生长区内的森林覆盖率达到95%以上；空气、土壤、水、负氧离子等指数达到国家一类水平，负氧离子常年保持在8000～30000个/立方厘米，被誉为“天然氧吧”；这里保存了世界同纬度带最完整、最典型、面积最大的中亚热带原生性森林系统，发育有明显的植被垂直带谱；武夷山是全球生物多样性保护的关键地区，动植物资源十分丰富，境内已知的野生植物3728种，其中低等植物840种，高等植物2888种，已知的野生动物5110多种，分属592科，被中外生物学家誉为“世界生物之窗”“鸟的天堂、蛇的王国、昆虫的世界”“研究亚洲两栖爬行动物的钥匙”。

第二节 茶树品种的王国

武夷山素有茶树品种资源王国之称，这里出产的武夷岩茶品质优异，属乌龙茶中的珍品，驰名中外。形成武夷岩茶优异品质的主要因素，除了良好的环境，独特的工艺，便是适制岩茶的茶树品种。优良的茶树品种是形成武夷岩茶“岩骨花香”优异品质的内在因素，也是武夷岩茶发展的根本和基础。目前，挖掘记录武夷岩茶树种质资源280份，可用种质资源70多份，是现代茶树新品种培育的重要资源库。

武夷山茶树可分为三大体系：

第一大体系：是武夷山当地茶树种质——武夷菜茶（又称武夷变种）及从中选育出的单丛、名丛茶树群体，是我国和世界茶树植物学分类学上中小叶茶树的代表种群。这类茶树品种从武夷山开始种茶起至近代，一直是当地茶叶主栽品种。

第二大体系：是早期从外地引进的品种，主要是近几十年至近百年来引进的水仙及梅占、黄棪等无性系品种。

第三大体系：是近30年来由福建省茶叶研究所等新选育出来的品种。

（一）武夷菜茶

菜茶是武夷茶之母，是武夷茶有性繁殖茶树群体的统称。在世界茶树植物学分类学上，具有典型的代表性。通常以“武夷”的英语音译“Bohea”来命名，被称为武夷种或武夷变种（Var Bohea）。

千百年来，武夷菜茶素来采用播种繁殖，由于各茶树花粉自然杂交，致使群体内混杂多样，个体之间形态特征特性各不相同。因此，人们把武夷菜茶视为茶树品种的母体，或称为茶树品种的始祖。

所谓菜茶，是指当地土生土长，且有性繁殖的野生茶树群体种（非扦插，茶籽播种），是通过茶树种子繁殖的茶树群体。

因基因变异不同植株性状差异较大，并且在房前屋后随处可见，与自家种的菜一样，故称之"菜茶"。作为武夷山原产的主栽品种，武夷菜茶是形成武夷茶优良品质的种质基础和内在因素，没有武夷菜茶，就没有历史上形成的各类优质武夷茶。武夷茶史上所载的数百个茶树品种名，绝大部分都是这种茶。

武夷山茶农将菜茶取之不同特征制作成乌龙茶，称之为奇种。

（二）花名·单丛·名丛

花名即各类单丛、名丛及其成品茶名称的统称，单丛指从武夷茶有性群体（武夷菜茶）中采用单株选育的品种，名丛指从单丛中优中选优育出的优良的品种，通过无性繁殖方法培育成功的茶树。据考，自宋代以来，武夷山的茶农已创造出数以千计的名丛。在这些名丛之中，大红袍、铁罗汉、白鸡冠、水金龟、半天腰以其突出的品质特征而成为武夷岩茶名丛的代表，被誉为"五大名丛"，1992年，大红袍经审定为福建省级优良"品种"后，就不再是一大名丛，因此又有"四大名丛"之说。

在单丛、名丛的命名上，古人分别依据生长地、叶形、滋味、香气、茶性等各方面的特点对武夷茶树品种予以命名，据不完全统计，武夷茶花名达800多个，挖掘记录茶树品种280种，科学可用品种有70多个，大致分为以下八类：

以茶树生长环境命名的有：不见天、石角、岭上梅、金锁匙、半天腰、水中仙等。

以茶树形态命名的有：醉海棠、醉洞宾、钓金龟、凤尾草、玉麒麟、一枝香等。

以茶树叶形命名的有：瓜子金、金线、竹丝、金柳条、倒叶柳等。

以茶树叶色命名的有：太阳、太阴、白吊兰、水红梅、绿蒂梅、黄金锭等。

以茶树发芽迟早命名的有：迎春柳、不知春等。

以成品茶的香型命名的有：肉桂、白瑞香、石乳、夜来香、十里香等。

以传说种植年代命名的有：正唐树、正唐梅、宋树等。

以神话传说或几种元素相结合命名的有：大红袍、白鸡冠、水金龟、吕洞宾、白牡丹、红孩儿等。

（三）外地引种良种

指从外地引进的茶树良种，主要是近几十年至近百年来引进的优良品种，武夷岩茶品种发展历史与民族大融合相似。一方面利用当地茶树良种制茶优势。另一方面不断有外来优良品种传入，极大地丰富了岩茶品种版图，比如梅占、佛手、毛蟹、黄旦等等，以岩茶的主栽品种水仙为例进行介绍：

水仙：茶树为小乔木，诞生地在建阳，清代传入武夷山。作为国家茶树良种的水仙茶树，在乌龙茶的各个产地，都有大面积栽培。水仙随树龄变深，茶树生根越深，累积养分风味越多，茶汤越醇厚。按树龄的长短分为普通水仙（不足30年），高丛水仙（树龄30～60年）和老丛水仙（树龄不低于60年）。水仙品种香为恬静兰花香，又名兰底，清香恬静，闻之不事张扬。山场端正，做工精细的水仙茶香多沉于汤水中，茶汤醇厚清香滑爽，滋味妙不可言。

新品种：前面提到的“奇种”是自然繁殖和自然选育之产物。而“新品种”则是人工杂交和人工选育的结果。是福建省茶科所培育的高香品种，他们在培育过程中有自己的培育编号，比如黄观音、瑞香等，武夷岩茶中还有金牡丹、瑞香、黄玫瑰、春闺和金观音等，均属新品种。这些新品种在登场时一般是以数字代号为主，名称是审定完确定的。以黄观音为例，它由铁观音与黄旦混育而成，在传承了黄旦透天香的同时，亦略有保留铁观音馥郁的兰花香。

武夷山茶树

在武夷岩茶区主栽的品种是水仙、肉桂、大红袍，还有早年引种的黄旦、毛蟹、梅占、佛手、八仙、奇兰、凤凰水仙等，以及近年引种的黄观音、金观音、金观音、丹桂、白瑞香、金牡丹等。

第三节 武夷茶的山场文化

武夷山风景区，不仅是一幅天然的山水画，它那丰富的地貌类型是地质构造、流水侵蚀、风化剥蚀、重力崩塌等综合作用的结果，发育了曲折多弯的溪流和柱状、锥状、悬崖等丹霞地貌，素有三十六峰，七十二洞，九十九岩之称，也是武夷岩茶的核心产区。

（一）武夷岩茶地理区划

《武夷岩茶》标准（GB/T 18745-2002）曾将武夷岩茶产区划分为名岩区和丹岩区。名岩产区为武夷山市风景区范围，区内面积70平方千米，即：东至崇阳溪，南至南星公路，西至高星公路，北至黄柏溪的景区范围。丹岩产区为武夷岩茶原产地域范围内除名岩产区以外的其他地区。

2006年，新版《武夷岩茶》标准（GB/T 18745-2006）将武夷岩茶地理标志产品的保护范围限于武夷山市所辖行政区域范围，不再对武夷山境内产区进行划分。而民间则有将岩茶划分为正岩、半岩、洲地、高山、外山。

正岩区：茶园土壤成土母岩绝大部分为风化火山砾岩、红砂岩、页岩组成。

半岩区：茶园土壤成土母岩风化程度类似正岩区夹有半风化母岩及石砾。

洲地：茶园土壤大多为三条溪流（崇阳溪、黄柏溪、九曲溪）靠武夷岩两岸的冲积土。

高山：半风化母岩及石砾的土壤条件加之独有的高山区域小气候条件。

外山：非武夷山境内茶园，土壤大多为红壤土、黄壤土。

（二）武夷岩茶山场

以岩茶的核心产区来说，茶园主要分布于武夷山正岩区和半岩区，有“岩岩有茶，非岩不茶”之说，每一个地貌特征不同的茶山场，都有它独特的山场韵味，使得武夷山又拥有了“茶叶生长样板课堂”之美称。其中就涵括了这些年来大家所津津乐道的“坑”“涧”“窠”“岩”“洞”“峰”“窝”等山场。

1.坑

以“坑”定名的山场，是指地面向下凹的地方，两面夹山并且弯弯曲曲、高矮不同，形成多个面积大小，生态环境小有不同的区域，一般都有两个出口。受到独特的地形环境影响，从中走出来的岩茶，往往以刚柔并济著称。

代表山场：牛栏坑、倒水坑、慧苑坑、大坑口等处。

倒水坑

2.涧

原意指的是夹在两山之间的水沟，在沟边有零散的风化沉积岩的冲积堆。以涧定名的山场伴有水流，并且两山相夹，因此茶树生长环境湿润，遮阴效果好，出产的岩茶相对柔和。

代表山场：流香涧、悟源涧、章堂涧等处。

章堂涧

3.窠

原意是指昆虫、鸟兽的巢穴。在地形、地貌和“坑”有所相似，但面积比“坑”来得小。且山场环境相对多变，有的伴有

燕子窠

水流，有的则无；有的偏阴凉，有的则并不明显。山场有其特殊的小气候。

代表山场：九龙窠、竹窠、云窠、燕子窠、枫树窠等处。

4.岩

原意指岩石凸起而构成的山峰、山体。这里指的是狭义的特色山场的“岩”，而不是“武夷岩茶”的大范围“岩”，以“岩”为名的山场，生态环境多数光照条件充足，土壤肥沃，有利于茶树芳香物质的形成，盛产高香甘冽型肉桂和底蕴十足的老丛水仙。

马头岩

代表山场：马头岩、碧石岩、佛国岩等处。

5.洞

武夷山以“洞”命名的山场，并不是那种类似“窟窿、深穴、孔”为特征的洞，更多指的是“洞天”，“洞天”一般都有自己独特的气候特征，主要是通过流动的水和对流的空气来调节。所以，以“洞”来定名的山场是个相对恒温的环境，而且相对来说，茶树生长环境较阴凉。适合形成茶品“香气幽长”的特色。

鬼洞

代表山场：鬼洞、水帘洞、茶洞、玉华洞等处。

6.峰

原意指山的突出的尖端；高而尖的山头。以“峰”定名的山场也是分为多种类型，在峰顶的则多出高香，在峰中央的可以做

大王峰

到香、水并重，在峰底的则依据其他生态条件的不同亦可呈现不同的品质，但大多是日照时间相对较短，香气细幽，汤水醇厚。

代表山场：天游峰、三仰峰、莲花峰、马枕峰等处。

7.窝

原意指的是洼陷的地方，而在武夷山以“窝”定名的山场，则是四周环山，阴风常拂，面积较小。

代表山场：云窝

云窝

这些丰富众多的小山场、小产区、小气候，所产出的岩茶品质香清味醇，普遍具有“活、甘、清、香”的显著特性。一般来说，生长在“坑”“涧”“窠”“窝”“洞”的茶，因环境阴凉，大多“重水”；而生长在“峰”“岩”的茶因日照充足，大多“主香”。光照多的地方，制作出来的茶偏高香型，而偏阴凉的地方，制作出来的茶甜度好、茶汤厚重，属于清幽型。

（三）两种传统茶园开垦模式

武夷山的茶树多种植在这样的峡谷、溪边、沟涧或悬崖峭壁上有土壤的小块岩坑上，智慧的武夷山先民们根据自然条件的优势，创造了不施肥、不修剪、深栽、稀植、浅耕削草、客土和茶与其他作物间套作的“武夷耕作法”，也形成了武夷岩茶独具特色的两种传统茶园开垦模式：

1.盆景式茶园。主要分布在河谷溪流附近的沟涧地带、崖壁石台石坑地带。当地茶农就地取材，用石头将茶园凹凸不平的边缘带砌成一面平整的护坡石壁以保持水土，从河滩等平坦的地带挑土为茶园填上再植茶，有了石座的保护，盆栽式茶园排水容易，可避免水流冲刷，蓄水条件较为完善。

2.梯田式茶园。武夷山多丘陵，坡面较高，地势主要呈斜坡状，茶农往往沿坡面开设一级一级的梯状茶园。梯田式茶园的开垦一般是自上而下，阶梯面一般宽约60厘米，阶高约70～120厘米。从远处看去，茶园呈阶梯状蜿蜒在山坡上。

附录：武夷山核心景区36峰、72洞、99岩名称

一、36峰

1	大王峰（天柱峰 魏王峰）	2	狮子峰	3	凌霄峰（赤壁峰）
4	饮袖峰（虎啸岩）	5	小藏峰	6	上升峰（紫峰）
7	玉华峰	8	接笋峰（接笋岩）	9	文　峰（更衣台）
10	天游峰	11	苍屏峰	12	象　峰（滴水岩）
13	并莲峰	14	灵　峰（白云岩）	15	火焰峰
16	丈人峰（杜葛岩）	17	北斗峰	18	莲花峰
19	幔亭峰（铁佛嶂）	20	兜鍪峰（赌妇石）	21	玉女峰
22	马枕峰	23	升日峰	24	大藏峰
25	隐屏峰	26	晚对峰（紫石屏）	27	天柱峰
28	仙掌峰	29	三仰峰	30	天壶峰
31	三教峰	32	丹霞嶂	33	马鞍峰
34	天心峰	35	马头峰	36	玉柱峰

二、72洞

1	玉女洞	2	石函洞	3	泉居洞	4	芙蓉洞	5	飞仙洞
6	金鸡洞	7	鸡窠洞	8	凝真洞	9	仙机洞	10	金谷洞
11	仙床洞	12	真武洞	13	天壶洞	14	金鸡旧洞	15	吴公洞
16	鼓楼洞	17	活水洞	18	潮音洞	19	云岩洞	20	白云洞
21	邱公洞	22	止止洞	23	张仙洞	24	徐仙洞	25	梁明洞
26	升真洞	27	投龙洞	28	复古洞	29	紫云洞	30	云虚洞
31	灵云洞	32	老虎洞	33	罗汉洞	34	黑　洞	35	先天洞
36	伏虎洞	37	嘘云洞	38	聚乐洞	39	研易洞	40	汇泉洞
41	茶　洞	42	玄元洞	43	南溟洞	44	桃源洞	45	碧霄洞
46	宾曦洞	47	虎啸洞	48	驻真洞	49	伏羲洞	50	风　洞
51	灵岩洞	52	石门洞	53	螺丝洞	54	连麓洞	55	赤霞洞
56	毛竹洞	57	走马洞	58	云水洞	59	瑞泉洞	60	水帘洞
61	会仙洞	62	小有洞	63	龙头洞	64	玉华洞	65	虚灵洞
66	丹霞洞	67	鬼　洞	68	曼陀洞	69	砻心洞	70	石莲洞
71	古井洞	72	妙莲洞						

三、99岩

1	观音岩	2	石瓶岩	3	竹盘岩	4	太极岩	5	勒马岩
6	仙馆岩	7	仙榜岩	8	宴仙岩	9	会仙岩	10	车钱岩
11	洛伽岩	12	题诗岩	13	希真岩	14	金谷岩	15	仙迹岩
16	丹炉岩	17	响声岩	18	玉版岩	19	太姥岩	20	城高岩
21	琅玕岩	22	仙游岩	23	李仙岩	24	北廊岩	25	老君岩
26	铸钱岩	27	东华岩	28	猴藏岩	29	烟际岩	30	象鼻岩
31	鼓楼岩	32	涵翠岩	33	环佩岩	34	鹞子岩	35	赤霞岩
36	铁板嶂	37	仙鹤岩	38	水狮岩	39	嶂　岩	40	仙　岩
41	云　岩	42	寒　岩	43	龟　岩	44	靠背岩	45	排峰岩
46	石鳞岩	47	楼阁岩	48	藏修岩	49	章堂岩	50	黎道岩
51	乔　岩	52	曼陀岩	53	丹霞嶂	54	慧苑岩	55	马头岩
56	碌金岩	57	神通岩	58	鱼　岩	59	广宁岩	60	清源岩
61	青狮岩	62	白　岩	63	佛国岩	64	碧石岩	65	白花岩
66	楼梯岩	67	禅　岩	68	换骨岩	69	化鹤岩	70	和合岩
71	罗汉岩	72	铁象岩	73	伏虎岩	74	清隐岩	75	鸡胸岩
76	石门岩	77	山当岩	78	虎啸岩	79	灵　岩	80	蓝　岩
81	笻　岩	82	笠盘岩	83	芦岫岩	84	霞宾岩	85	瑞泉岩
86	鹰嘴岩	87	梅　岩	88	马鞍岩	89	神象岩	90	杜辖岩
91	盘珠岩	92	福隆岩	93	砻心岩	94	九井岩	95	佛应岩
96	弥陀岩	97	师陀岩	98	屏风岩	99	老虎岩		

第二章 精湛的制茶技艺

“武夷岩茶创制技术独一无二，是全世界最先进的技术，无与伦比，值得中国劳动人民雄视世界。”

——著名茶学专家 陈椽

第一节 武夷岩茶制作技艺历史渊源

武夷茶出于汉代，两千多年前的汉武大帝曾“祀武夷君用干鱼”（《史记·封禅书》）。在闽越王城的遗址中出土的一些茶具器皿，也证明了从那个时代起，茶，就和武夷山息息相关。至唐代，即以蜡面茶列为贡品，徐夤的《尚书惠蜡面茶》诗中记载了武夷茶的产地、祭祀、制作、运输与煮饮等内容，孙樵将武夷茶拟人化为“晚甘侯”。宋代武夷茶渐兴，作为北苑贡茶品类之一充作贡茶。《大观茶论》中写道：“本朝之兴，岁修建溪之贡，龙团凤饼，名冠天下。”元大德六年（1302），高久住在邵武路任总管时，御建“御茶园”设于武夷山九曲溪四曲南畔。崇安县令张端本督制，孙瑀坐园监制以“龙团凤饼”为主贡茶，开始了长达二百七十余年的贡茶史。

（一）明代末期，是武夷岩茶制作技艺的起源阶段

明代朱元璋颁发“罢龙团，改制散茶”诏令，至明代后期，武夷山在引进安徽松萝茶炒青技术后，结合实地情况，逐渐改进与革新。具体原因主要是武夷山北面的茶品质比山南面的好，武夷茶园的集中地由九曲溪北向三条坑（慧苑坑、大坑口和牛栏坑）转移。由于坑涧山高地形复杂，时有鲜叶采摘后未能及时运回制作，采摘下的茶青在茶篓里开始水分散发而自然倒青；同时采茶工翻山越岭，在不停地走动过程中，茶青在茶篓里因受抖动而相互碰撞，并与篓壁摩擦，相当于起到了摇青作用。此外，受武夷山地理环境影响或因微域气候多变，使原本绿茶的加工制作加入了发酵因素。在种种因素的影响下，炒制的绿茶既有特殊的花果香，又有较浓厚的滋味。就在这偶然机遇中，激发了武夷茶人的灵感。武夷茶人敏锐地观察与总结这一无意的自然变化现象，开始人为有意识地摊晾或日晒茶青，并进行抖动或摇晃，等到茶青状态变化达到一定程度时，再加以炒青。如此制成的茶，品质明显提高，形成特有的风味特征，从而形成了武夷岩茶的初始制作工艺。

（二）清代初期，是武夷岩茶制作技艺的形成与成熟阶段

经过漫长的历史发展，至清初期、中期，武夷岩茶制作技艺日臻完善。清代僧人释超全在《武夷茶歌》中对岩茶的采摘、地利、天时、制作、品饮作了具体描述，其中，“凡茶之候视天时，最喜天晴北风吹。苦遭阴雨风南来，色香顿减淡无味”，说明了天气对采制茶的重要影响，这也是延续至今“看天做青”的道理；“如梅斯馥兰斯馨，大抵焙时候香气。鼎中笼上炉火温，心闲手敏工夫细”，描述了武夷岩茶文火慢焙的工艺，也是梁章钜“武夷焙法，实甲天下”的注脚。王草堂《茶说》：“武夷茶……茶采后，以竹筐匀铺，架于风日中，名曰晒青，俟其青色渐收，然后再加炒焙……”对武夷岩茶的制作工艺描绘得淋漓尽致。此时，武夷岩茶制作技艺的雏形经过不断改进，日趋成熟与完善。

（三）民国时期，是对武夷岩茶制作工艺系统总结并理论化的阶段

1940年，茶界泰斗张天福在武夷山创办“福建示范茶厂”。1942年，当代茶名家吴觉农于武夷山成立中国第一所茶叶研究所，先后有张天福、吴觉农、陈椽、庄晚芳、王泽农、蒋芸生、李联标、倪郑重、庄任、吴振铎、林馥泉、廖存仁、叶鸣高等茶叶专家汇集武夷山，开展茶叶研究工作，武夷茶的生产技术和科学研究也得到了发展。茶学家们扎实地开展调查与研究，撰写的论著发表在《茶讯》《武夷通讯》《万川通讯》《茶叶研究》《福建农业》《茶报》等刊物上，加入了当时“兴茶报国”的潮流中，为中国现代茶业制度和茶学体系的建立奠定了基础，这些论著是见证中国茶业复兴和武夷茶发展的宝贵资料。其中为后人所称道者，有林馥泉的《武夷茶叶之生产制造及运销》，该书分概说、茶史

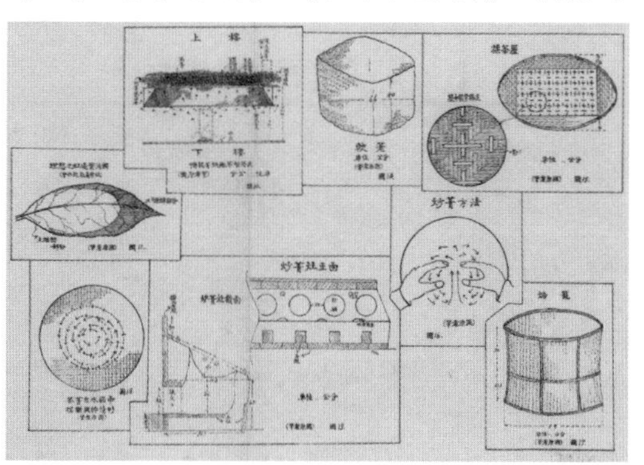
林馥泉《武夷茶叶之生产制造及运销》

茶名及产量、生产经营、岩茶之栽培、岩茶之采制、制茶成本、岩茶审评、岩茶销售情况等内容，是研究武夷茶集大成之作，为后人提供了翔实、可靠的研究资料。另有王泽农《武夷茶岩土壤》，研究了武夷茶岩土壤环境、形态特征等内容，提出了改造茶岩土壤管理的建议，是茶学界调查报告的典范。

（四）当代，是武夷岩茶制作技艺保护、传承与发展阶段

20世纪60年代起，以姚月明、朱寿虞、陈书省、陈德华、叶以发、罗盛财等一大批本土的茶叶专家们倾心致力于武夷岩茶的栽培、制作、审评等科学研究工作。特别是武夷岩茶泰斗姚月明先生，他用一生中的50多年时光潜心研究武夷岩茶，长期研究武夷岩茶传统制作工艺，系统地总结和完善这一技艺，并且口传心授，传与后人，是武夷岩茶发展史上承前启后的关键人物。2006年，武夷岩茶（大红袍）传统制作技艺成功列入首批国家级非物质文化遗产名录，先后分两批评定出18名这一代表性项目传承人，为武夷岩茶传统制作技艺的有序传承和弘扬发展奠定了基础。2017年，武夷岩茶入选“中国十大茶叶区域公用品牌”。2022年，武夷岩茶（大红袍）制作技艺作为“中国传统制茶技艺及其相关习俗”重要组成部分列入人类非物质文化遗产代表作名录。纵观当今，武夷岩茶已成为国民经济、农业旅游业的支柱产业，焕发出蓬勃的生机和活力。

第二节 武夷岩茶传统制作技艺工序

根据《DB35/T-2023 非物质文化遗产 武夷岩茶传统制作技艺》规定，武夷岩茶传统制作技艺是指经过武夷山历代茶人智慧创造和反复探索总结而传承下来的武夷岩茶手工制作技艺。主要由采摘、倒青（萎凋）、做青（晾青←→摇青）、初炒、初揉、复炒、复揉、初焙、扬簸、凉索、拣剔、复焙、吃火、团包、补火、装箱等16道工序构成。

在武夷山民间有一首制茶民谣，能够让大家轻松记住武夷岩茶的制茶要领：

一采二倒青，三摇四围水；
五炒六揉金，七烘八捡梗；
九复十筛分，道道工艺精。

（一）采摘

武夷岩茶鲜叶采摘的老嫩、粗细都直接关系到最终成茶的品质。

1.采摘标准

以茶树新梢形成驻芽，顶叶展开时进行采摘，俗称开面采。达到开面采的新梢成熟度高，内含物质丰富，成茶品质好，一般采驻芽3～4叶，采摘要求掌心向上，以食指钩住鲜叶，用拇指指头之力，将茶叶轻轻掐断或折断，力求保持青叶新鲜、完整。

大开面

中开面

小开面

2.采摘时间

茶叶开采期主要由茶树品种、当年气候、山场位置和茶园管理措施等因素决定，武夷山现有主栽品种的春茶采摘期为4月中旬至5月中旬，特早芽种在4月上旬，特迟芽种在5月下旬。采摘当天的气候对茶青品质影响较大。晴或多云天，露水干后采摘较好；雨天或露水未干时采摘的茶青最差。一天中，下午2～5时的茶青质量最好，上午9～11时次之。因此，岩茶宜选择晴或多云的天气采制，雨天尽量不采或少采。

武夷岩茶采摘时间参考表

	品种	采摘时间		品种	采摘时间
1	凤凰单丛	4月上旬	9	水仙	4月下旬
2	八仙	4月中旬	10	奇种	4月下旬
3	金观音、黄观音、黄玫瑰	4月中、下旬	11	白鸡冠、水金龟、半天夭	5月上旬
4	瑞香、丹桂	4月下旬	12	肉桂	5月上旬
5	向天梅、玉麒麟	4月下旬	13	雀舌	5月中、下旬
6	梅占、北斗	4月下旬	14	大红袍	5月中、下旬
7	奇兰、毛蟹	4月下旬	15	高山老丛	5月中旬
8	铁罗汉	4月下旬			

3.采摘方式

分人工采摘和机械采摘两种方式。人工采摘人员多，成本高，管理难度大。但适合岩茶核心产区这种分散，地形复杂、茶树长势不一处的茶园。机械采摘省劳工、成本低、速度快、效率高，适宜大面积标准化管理的茶园使用。

（二）萎凋

萎凋是武夷岩茶制作的第一道工序，将青叶均匀摊放，使之失去部分水分，并促使叶内化学成分变化，形成武夷岩茶香味的诱导工序。通过萎凋使原本硬挺的青叶就倒伏下去了，变得萎软，在武夷岩茶的传统制作工艺中，老茶人也把这个工序形象地称为“倒青”。

1.萎凋方式

萎凋方式有日光萎凋（晒青）、加温萎凋两种。传统的萎凋方法有日光萎凋（晒青）、室内自然萎凋（摊晾）以及兼用上述两种方法的复式萎凋。

日光萎凋：也称为“晒青”。茶青倒入青弧内，用手抖开（避免内部发热红变），将茶青匀摊于水筛中（俗称“开青”），每筛鲜叶约0.5千克，摊好后排置于竹制萎凋棚上（俗称“晒青架”）。

日光萎凋

根据日光强度、风速、湿度等因素，以及鲜叶老嫩和不同品种进行萎凋，晒青过程中可翻青1~2次，可采用“两晒两晾”方式。

两晒两晾：在倒青过程中，将青叶放在太阳光下进行第一次晒青，到一定程度收起，放到阴凉处摊凉，尔后在太阳光下进行第二次晒青，达到适度后，收到青间晾青，这一过程称为两晒两晾。

加温萎凋：采用萎凋槽萎凋：将茶青摊放在槽内纱网上，一般叶层厚度15~20厘米（每平方米8~10千克），在槽底鼓以热风，利用叶层空隙的透气性，使热风吹击并穿过叶层，达到萎凋之目的。保持温度在38℃左右，持续1~1.5小时，中间翻拌一两次，即可完成萎凋。

2.萎凋程度

感观标准为青叶顶弯曲，第二叶明显下垂且叶面大部分失去光泽，萎凋主要是根据叶态的变化来掌握适度，经萎凋后叶色逐渐转为暗绿变淡，失去原有的光泽；叶由硬变稍软，嗅之略有清香呈现为适度。青叶原料（茶树品种、茶青老嫩度等）不同，其标准也不同，如叶厚的大叶种萎凋宜重，茶青偏嫩时萎凋宜重，反之宜轻。

绿叶红镶边

（三）做青

做青是乌龙茶半发酵工艺诞生的标志性工序，是岩茶制作工艺中复杂而又关键的一道工序。做青应根据鲜叶的老嫩度，萎凋程度，产地、品种、季节和温湿度等情况看青做青、看天做青。基本要求是“水走透、青做熟”。

1.做青原理

在适宜的温度、湿度等条件下，通过多次摇青使青叶不断受到碰撞和摩擦，叶缘细胞组织逐渐受损，经过晾青氧化发酵后形成“绿叶红镶边”的特征。而在静置发酵过程中，茶青内含物逐渐进行氧化和转化，并散发出自然的花果香，这是乌龙茶所特有的风味特点。

2.做青方式

传统手工做青（摇青、做手、晾青）：摇青时要让茶青在水筛中呈滚动状，使青叶朝中心做旋转。摇青要遵循“先轻后重、转数由少到多”的原则。茶青移入青间静置1～1.5小时后，进行第一次摇青，摇青转数十余下，之后将茶青稍收拢，仍放置在青架上。第二次摇青时可见叶色变淡，即将四筛茶并为三筛，再进行摇青，同时用双手掌合拢轻拍茶青一二十下，使青叶互碰，弥补摇动时互撞力量的不足，促进破坏叶缘细胞（俗称“做手”）。做手后须轻轻翻动茶青并将其铺成内陷斜坡状（水筛边沿留有两寸空处，不放青叶），在青架上静置2小时后，再进行三次“摇青”，其方法同前。摇青、做手的次数及轻重，视青叶萎凋程度适当增加。整个做青过程需经6～7次的摇青和做手，时间约8～10小时。最后青叶由原来的青气转化为花果香，叶面清澈，叶脉明亮，叶色黄绿，叶面凸起呈龟背形（俗称“汤匙叶”），红边显现，说明做青程度已适度，即可送至炒青间炒揉。

做青要掌握重萎轻摇，轻萎重摇，多摇少做，先轻后重，先多后少，先短后长的原则。

3.做青适度

武夷岩茶做青适度应掌握适中偏重，以观察第二叶变化的程度为主。为叶脉透明；叶面青绿色，叶缘朱砂红：俗称“青蒂、绿腹、朱缘”，又称“三节色”；青气消失，散发出浓烈花果香，叶形成汤匙状：叶片柔软光滑如绸，翻动时有沙沙响声。

做青的环节有许多从日常实践中得出的经验术语，如下：

摇青

看青做青。根据茶树的品种、采青时间、产地、老嫩度、倒青程度等不同情况来决定做青的手法和程度的掌控。

看天做青。根据季节、天气、温湿度等不同情况来决定做青的手法和程度的掌控。

还阳。在做青过程中，青叶经过摇青后，叶片呈充盈紧张的状态，叶面恢复光泽，这种现象称为“还阳”。

退青。在做青过程中，青叶经过晾青后，叶面失去光泽呈萎软状态，这种现象称为“退青”。

绿叶红镶边。青叶经过做青后，青叶中间保持绿色而叶缘呈现朱红色，这种现象称为“绿叶红镶边”。

三红七绿。绿叶红镶边的程度为三成红七成绿左右，即称之为“三红七绿”。

（四）杀青与揉捻

杀青是结束做青工序的标志，是固化做青结果的承前启后的工序。

1. 杀青与揉捻原理

主要采取高温破坏茶青中酶的活性，防止做青叶的继续氧化和发酵，同时使做青叶失去部分水分，呈热软态，可塑性增大，有利于揉捻成形。因此，可以说，杀青是一道巩固发展做青的品质，为揉捻造型创造条件的重要工序；揉捻是形成岩茶外形特征的主要工序。武夷岩茶采摘的新梢成熟度高，青叶纤维含量较高，要趁热揉捻。将杀青叶搓揉成条索，破坏部分叶细胞组织，充分揉挤出茶汁，凝于叶表，使茶条紧结重实，茶汤滋味浓厚，成茶耐冲泡。

2. 炒青与揉捻

初炒：手工炒青时视青叶情况可变换选择团炒、翻炒、吊炒3种手法。

传统手工炒青一般是在传统倾斜的灶台上架一口直径60厘米的铁锅，锅温为220℃～250℃，每锅投叶量为0.7～1千克，时间约2～3分钟，以团炒（闷炒）为主，中间翻炒（半闷半透），酌情结合吊炒。直到叶子变软粘手，青气消失，花果香显露，青叶表面带有水点，柔软如棉为适度，即取出揉捻。

炒青

揉捻：因原料成熟度较高，所含纤维较多，所以起锅后要趁热置于特制的、具有十字形阶梯状棱骨揉茶苈上，快速以倒蝶形手法强压揉捻2～3分钟（中间解块一次，散发热气，避免水闷气），揉到茶汁部分外溢，叶子基本成条，即可解块复炒。

揉捻

复炒：用双手将初揉的茶叶呈圆形散铺于锅中复炒，然后用双手指尖收聚茶叶翻面，再行收聚茶叶翻面后即可起锅复揉。锅温比初炒稍低，为180℃左右，时间很短，仅约0.5分钟，该道工序不仅能弥补初炒之不足，而且初揉挤出茶汁凝于叶表，有利于内含物的混合接触，在热的作用下产生一定程度的转化，对形成岩茶所特有的“岩韵”，起着很大的作用。

复揉：复炒后要趁热复揉1～2分钟，揉法同初揉，揉速稍加快，使条索进一步卷曲紧结，茶汁充分溢出，即可解块送入焙间初焙。

双炒双揉。是武夷岩茶制作工艺中特有的方法，复炒来弥补每一次炒青的不足，通过再加热促进岩茶香、味的形成和持久。复揉可使毛茶条索更紧结美观，双炒双揉是形成武夷岩茶“蜻蜓头”“蛙皮面”“三节色”

之特征的独特技艺。

（五）初焙

炭焙是武夷岩茶传统烘焙方法，是焙茶的最高技术，采用炭焙炖火能达到武夷岩茶“活、甘、清、香”的独特品质风味。

武夷岩茶初焙的作用是散发茶叶水分，紧缩和固定茶条；破坏残余酶的活性，进一步挥发青气。

初焙要掌握“薄摊、高温、快速”的原则，在焙间分别设有140℃～100℃不同温度的焙窟3～4个，烘温从高到低顺序排列，毛火每笼摊叶量0.5千克，烘3～4分钟翻拌一次，翻拌后焙笼向下一个温度较低的焙窟移动，全程12～15分钟完成。毛火因流水作业，烘焙温度高，速度快，故称“抢水焙”或“走水焙”。下焙时毛火叶含水率30%左右，约七成干。

初焙

（六）扬簸、凉索和拣剔

毛火后茶叶起焙倒入簸箕弧内立即“扬簸”，使叶温下降，并扬弃碎末、三角片和梗皮等轻飘杂物。然后将毛火叶摊在水筛，并置于晾青架上进行长时间摊凉，俗称“凉索”，摊叶厚度8～12厘米。凉索5～6小时后“拣剔”，拣去扬簸未干净的茶梗和黄片。拣茶宜在较亮处进行。

扬簸

“凉索”是武夷岩茶传统制法特点之一，在这种条件下，水分蒸发较少，梗叶之间水分重新分布，达到均衡，有利于足火。同时存在着可溶性有效物质向叶流动和转移，对武夷岩茶高香、浓厚、耐泡、色泽油润等品质特点形成起着一定作用。

（七）复焙

复焙俗称“足火”。复焙的目的，是为了将拣剔后的茶叶焙至所要求的程度，再通过“文火慢炖”的吃火工艺，促进茶叶热化学作用，巩固、发展和完善武夷岩茶的色、香、味的品质特征。

复焙

复焙采用文火慢焙，使武夷岩茶香味慢慢形成并相对固定下来。足火温度100℃左右，每焙笼摊放1千克毛火叶，一般15分钟左右翻拌一次，烘焙过程火温逐渐下降，焙至足干。然后进入“吃火”工序。

（八）吃火

又称“炖火”或“焙火功”。对足干茶叶再进行烘焙，根据产品要求确定焙火程度。烘后香气充分诱发，为减少香气散失，要将焙笼全部盖密，继续烘焙，藉以延长热化的作用。茶叶在足干的基础上，再进行文火慢焙。吃火是形成岩茶岩骨花香的重要工序，任何武夷岩茶火功均需达到焙足，焙足的火功使岩茶香气丰富、优雅；滋味更加醇厚、润滑、饱满、隽永，可增强香气、滋味的厚重感。岩茶火功高低必须根据品种、原料老嫩、山场、做青程度等不同而异。焙火均应达到焙熟焙透，做到高而不焦，低而不生。

武夷岩茶独特品质的形成除了做青之外，烘焙工艺尤为重要，其技术性也最强，是形成武夷岩茶独有香气和滋味的关键工序。梁章钜称“武夷焙法，实甲天下”。

（九）团包

茶叶吃火起焙后用毛边纸进行团包，每包0.13～0.16千克。团包时将纸连茶取于左手、靠于胸前，右手拾起纸面，四面拾褶紧紧捻成圆包，故称团茶。拾褶后于“纸脐”上一压，将团包褶合口向下放置于簸箕中，等候补火。

（十）补火

补火俗称“坑火”，补火时焙笼较高的一端朝上，将团包茶叠放于焙笼中，每焙笼放入3层团包茶，每层14包，共计42包，再将焙笼放于焙窟上，焙笼顶加盖烘焙，时间约1小时，当手触焙笼上部团包纸面有热度即可。

（十一）毛茶装箱

补火后，趁热装箱，将毛茶装入内衬有锡箔纸或毛边纸的茶箱内，外套木箱，放在干燥阴凉的室内，供下一步加工处理。

附：传统制茶手绘图

采青 　倒青（萎凋） 　做青 　做手

初炒 　初揉 　复炒 　复揉

初焙 　扬簸 　凉索 　拣剔

复焙

吃火（足火）

团包

装箱

（黄翊 绘）

附：武夷岩茶机械化加工工艺简要介绍

现在岩茶加工已初步实现制茶半机械或机械化，工艺相应也可简化为：萎凋、做青、杀青、揉捻、烘焙（初焙、凉索、复焙）五大工序。

1.综合做青机萎凋和做青

现在生产上普遍使用乌龙茶综合做青机进行萎凋和做青。

①机械萎凋。晚青或雨水青直接在综合做青机中，通过吹热风进行萎凋。风温30℃～38℃，历时1.5～2小时，每隔一定时间要轻摇翻转青叶，使萎凋均匀。萎凋适度可参考日光萎凋的标准。

综合做青机萎凋和做青

②综合做青机做青：将萎凋后的青叶装进综合做青机，青叶量为筒容量的三分之二。在茶青达到萎凋要求后，直接进入做青程序。按吹风一摇动一静置的程序反复交替进行5～6次以上，历时6～7小时，每次吹风时间逐渐缩短，每次摇动和静置时间逐渐增长。

2.机械杀青与揉捻

①机械杀青。现在的大规模生产上，采用的是滚筒杀青机的杀青方式，机械杀青的火候需要掌握前中期旺火高温，后期低火低温出锅。杀青时筒温220℃～280℃，杀青历时8～10分钟左右，杀青叶出锅后要趁热揉捻。

机械杀青适度判断

②机械揉捻。揉捻机有30型、35型、40型、45型、55型等，揉捻历时8～10分钟。掌握原则为“趁热、重压、短时”。加压技术是“轻、重、轻”。较嫩杀青叶加压稍轻，揉时短些；较老杀青叶加压适当重些，揉时长些。搓揉力适度时，揉盘上的揉捻叶基本能随时收紧茶团。揉捻达到适度时，看到揉盘上的茶条紧卷紧结，茶汁充分揉挤出，凝于叶表，即可下机。

机械揉捻

3.烘干机烘焙

目前，武夷岩茶大批量生产烘焙采用自动烘干机，烘焙温度135～150℃，历时3～4小时，摊叶厚度4～5厘米。烘干机烘焙具有快速、高效、烘焙均匀的特点。但其与传统炭焙相比，由于温度稍高，时间短，产品的甘醇度稍逊，缺乏炭香。

机械烘焙

第三节 武夷红茶正山小种的起源

正山小种是小种红茶的代表，产于武夷山桐木关一带，也叫桐木关小种，是公认的“世界红茶的始祖”。

“正山”既指正统正宗的意义，是桐木及周边相同海拔、相同地域、用相同传统工艺制作，品质相同，独具桂圆汤味的统称“正山小种”，也指“内山”群山环绕、山之高峰之地谓之“内”；而“小种”意指其茶树品种为小叶种，且产地地域及产量受地域的小气候所限之意。

明洪武二十四年（1391），刚取得天下不久的明朝皇帝朱元璋，为减轻民间负担下诏罢造团茶改贡芽茶。武夷山在罢贡团茶改贡芽茶后，茶叶品质特征发生变化，质量低劣，但在明后期茶叶技术推陈出新的时期，武夷山茶人不断总结经验，引进了松萝茶炒青的新技术，结合自己原有的焙制工艺的技术长处，形成了新的先进的制作技术。周亮工在《闽小记》中记载：“崇安殷令招黄山僧以松萝法制建茶，堪并驾。”崇安殷令引进的松萝茶制法是刚出现的炒青绿茶的制法，具有当时最先进的炒青技术，武夷山茶人紧跟潮流，及时引进先进技术，使武夷茶品质大幅提高，堪与松萝茶并驾齐驱，以至在明后期出现了徐𤊹所记的“武夷之名，甲于海内”的盛况。

周亮工还记载了引进松萝茶制法后武夷茶出现的另一种现象：“武夷、紫帽、龙山皆产茶。僧拙于焙，既采则先蒸而后焙，故色多紫赤，只堪供宫中浣濯用耳；近有以松萝法制之者，即试之色香亦具足。经旬月，则紫赤如故。”众所周知，红茶是全发酵茶，泡出的茶水汤色红赤，色多紫赤是发酵茶的特点。松萝制法，主要是炒青绿茶的制作技术，这项技术掌握得好，可以使武夷茶的品质大幅提高，如果掌握不好就可能出现另外一种情况。如采摘的鲜茶叶未及时处理，有可能发生日光萎凋，而将萎凋

的茶叶再去炒青，这犹如小种红茶特有的传统工序过红锅，而后再去焙干，就会出现汤色红赤。

在正山小种的发源地——桐木村，也广泛流传着“一个偶然的时机催生了正山小种红茶”的故事。武夷山市（原崇安县）星村镇桐木村东北5千米处的江墩庙湾自然村，是历史上正山小种红茶的原产地和中心产区。江墩因江姓而名，其家族世代经营茶叶，有“茶叶世家”之称。其传人江元勋讲述其家族流传有红茶产生的说法：其先祖定居桐木关后世代种茶，约明末某个时值采茶季节，北方军队路过庙湾时驻扎在茶厂，睡在茶青上，待军队开拔后，茶青发红，老板心急如焚，把茶叶搓揉后，用当地盛产的马尾松柴块烘干，烘干的茶叶呈乌黑油润状，并带有一股松脂香味，因当地一直习惯于绿茶，不愿饮用这“另类”茶，因此烘好的茶便挑到距庙湾45千米外的星村茶市贱卖。没想到第二年便有人给2～3倍的价钱定购该茶，并预付银两，之后红茶便越做越兴旺。

国内红茶最早的记载当属《清代通史》，该书卷二载：“明末崇祯十三年红茶始由荷兰转至英伦。”这段记载表明了明崇祯十三年（1640）时武夷正山小种红茶已远销至英国，这是最早进入英国的红茶。

桐木村茶山

清代星村码头运茶景象

据资料记载，1662年葡萄牙公主凯瑟琳嫁给英皇查理二世时，带去几箱正山小种红茶作为嫁妆，带入英国皇宫。据传英国皇后每天早晨起床后第一件事，就是先泡一杯正山小种红茶。随后，安妮女王提倡以茶代酒，将茶引入上流社会，为此正山小种红茶作为当时珍贵的奢侈品，逐渐演化成“下午茶”。

在英国，早期是以“Cha”来称呼茶，称最好的红茶为“Bohea Tea”（武夷茶），“Bohea”即“武夷”闽南话的发音。在英国《茶叶字典》中，武夷（Bohea）条的注释为：“武夷（Bohea）中国福建省武夷（WU-I）山所产的茶，经常用于最好的中国红茶（China Black Tea）”。可见武夷茶早期即为正山小种红茶在国外的称呼，而后在18世纪，武夷红茶逐步演变成中国红茶的总称。

正山小种红茶茶味浓郁独特，在国际市场上备受欢迎，远销英国、荷兰、法国等地。老茶师、英国人诺顿夸奖说：“喝这种茶胜过饮人参汤。”英国诗人拜伦在他的《唐璜》里吟咏道：“我觉得我的心儿变得那么富于同情，我一定要去求助于武夷山的红茶；真可惜，酒却是那么地有害，因为茶和咖啡使我们更为严厉。”

正山小种的传统制作技艺，茶叶是用松针或松柴熏制而成，有着非常浓烈的香味。因为熏制的原因，茶叶呈灰黑色，但茶汤为深琥珀色。“正山小种”红茶茶树生长在常年低温、潮湿的高山乱石的山涧和树林中，不需施肥，因此叶枝较小。

从外形看，“正山小种”红茶干茶色泽乌黑油润，条索肥壮，带有光泽，紧结圆直，不带毫芽，干闻具有独特的松茗香和桂圆干香。冲泡后，汤色橙红、明亮、清澈，滋味醇厚，不但甘甜爽口，似桂圆汤味，而且耐冲泡。

传承至今，正山小种制作工艺已有四百多年的历史，但并未随着时间的流逝而流失。并且，在此过程中，几代的匠人还不断地在传承的基础上研制创新，2005年，村民在正山小种红茶传统工艺基础上研发出的金骏

眉，更是带动了整个红茶产业的发展，掀起了中国红茶的复兴。当前，根据福建省地方标准《DB35/T 1228-2015地理标志产品 武夷红茶》的规范，武夷红茶产品可分为：正山小种、小种、烟小种、奇红（金骏眉）等。而老丛红茶、赤甘等也是奇红中的优质茶品。

正山小种熏焙场所，俗称“青楼”

第四节 正山小种红茶传统制作工艺

正山小种是世界红茶的“老祖宗”，其传统的制作技艺茶叶是用松针或松柴熏制而成。根据《中华人民共和国国家标准·红茶（第3部分）：小种红茶（GB/T 13738.3-2012）》的规定，正山小种的定义是：产于武夷山市星村镇桐木村及武夷山自然保护区域内的茶树鲜叶，用当地传统工艺制作，独具似桂圆干香味及松烟香的红茶产品。2017年，正山小种红茶制作技艺列入福建省非物质文化遗产名录。

（一）正山小种红茶制作初制工艺

正山小种红茶制作工艺，分为初制工序和精制工序。其中初制工序，共八道：采青—萎凋—揉捻—发酵—过红锅—复揉—熏焙—复火

1.采摘

正山小种产地为高山茶区，气候寒冷，茶树发芽迟，芽叶生长期较长，采摘标准为一般采驻芽半开面或者小开面三四叶，采摘时间以立夏至芒种期间的晴天为佳。

采青

2.萎凋

萎凋的主要目的是将鲜叶均匀摊放在水筛上，让其散失部分水分，使叶质变柔软，便于揉捻成形；同时在失水的过程中，叶片中的有效成分发生部分化学反应，促进香气形成。萎凋有室内加温萎凋和日光萎凋。由于正山小种产区桐木关一带，春茶期间阴雨天多，晴天少，以室内加温萎凋为主，日光萎凋为辅。

日光萎凋

传统加温萎凋：在初制茶厂的“烘青楼”（俗称“青楼”）里进行。“青楼”共有三层，二、三层只架设横档，上铺竹席，再铺茶青；最底层用于熏焙经复揉过的茶坯，通过底层烟道与室外的柴灶相连。在外灶烧松柴明火时，热气进入底层，在焙干茶坯时，利用余热使二、三层的茶青受热而萎凋。

萎凋

现代厂房室内加温萎凋：鲜叶采摘后，均匀摊放在萎凋槽上或萎凋机中萎凋。萎凋槽一般长10米、宽1.5米，盛叶框边高20厘米。摊放叶的厚度一般在18～20厘米，下面鼓风机气流温度在35℃左右，萎凋时间4～5个小时。常温下自然萎凋时间以8～10小时为宜。

日光萎凋：在晴天室外进行，方法是在空地上铺上竹席，将鲜叶均匀撒在青席上，在阳光作用下萎凋。

萎凋适度的茶叶萎缩变软，手捏叶片有柔软感，无摩擦响声，紧握叶子成团，松手时叶子松散缓慢，叶色转为暗绿，表面光泽消失，鲜叶的青草气减退，透出萎凋叶特有的自然的清香。

3.揉捻

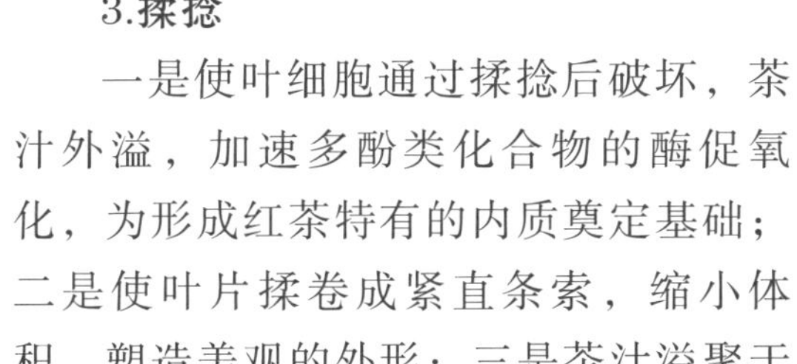

一是使叶细胞通过揉捻后破坏，茶汁外溢，加速多酚类化合物的酶促氧化，为形成红茶特有的内质奠定基础；二是使叶片揉卷成紧直条索，缩小体积，塑造美观的外形；三是茶汁溢聚于叶条表面，冲泡时易溶于水，使外形富有光泽，增加茶汤浓度。

揉捻

4.发酵

发酵俗称发红、渥红，是形成红茶红汤红叶的关键工序，主要目的是使茶树叶片中的多酚类物质，在酶促作用下，产生氧化聚合反应，生成茶黄素、茶红素及茶褐素等产物，其他化学成分也相应发生深刻的变化，使绿叶红变，形成红茶特有的品质。红茶的发酵需要在一定的环境条件下进行：将揉叶装于大箩筐内，厚30～40厘米，如装叶较厚，中间可掏一孔，以便通气。上覆盖湿布，以保持湿度。适宜的温度为20℃～30℃，湿度为90%以上，同时保持空气流通。发酵时间视季节而定，通常春季发酵时间在3～5小时，夏秋季发酵时间在1～3小时。当80%以上叶片呈红褐色，青气消失，花果香明显，即为适度。便可转入下道工序。

发酵

5.过红锅

过红锅是正山小种红茶加工的特有工序，指利用高温快速破坏酶的活性，停止发酵，并散发青草气，增进茶香。同时保持一部分可溶性多酚类化合物不被氧化，使茶汤鲜浓，滋味甜醇，叶底红亮开展。传统制法用平锅，待锅温达200℃时，投入发酵叶1.5～2千克，双手迅速翻炒2～3分钟，使叶受热，叶质柔软，即可起锅复揉。过长则失水过多容易产生焦叶，过短则达不到提高香气增浓滋味的目的。

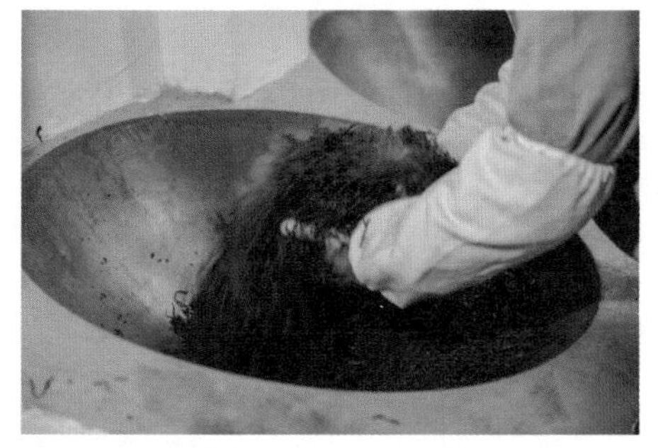
过红锅

6.复揉

经炒锅后的茶坯，必须复揉，使回松的茶条紧缩。方法是把过红锅的炒叶趁热揉捻5～6分钟，使条索更为紧结，揉出更多茶汁，以增加茶汤浓度。

7.熏焙

在传统制作工艺中，熏焙是正山小种红茶的独特工序，将复揉后的茶坯抖散摊在竹筛上，每筛4～5斤，均匀摊平，叶层厚5厘米。放进“青楼”的底层吊架上，外灶烧松柴明火，让烟雾和热气进入室内干燥，让热气导入“青楼”底层，茶坯在干燥的过程中不断吸附松香，使小种红茶带有独特而纯正的松烟香气和类似桂圆汤的滋味。熏焙初期温度要高，促进水分快速蒸发，焙至八成干时要压小火焰，利用松柴燃烧不充分产生的松烟，让湿坯尽量吸收，总历时需8～10小时，力求火力均匀，让其吸收烟味干燥至足干，历时七八个小时，下筛后及时进入密闭的仓库待毛筛毛拣（初筛）。

炭火

8.复火

毛茶出售前需进行复火。高级茶与低级茶分别复火，在焙楼上堆成大堆，低温长熏，毛茶在干燥的同时吸足烟量，使含水率不超过8%，以提高毛茶品质。

熏焙

（二）正山小种红茶制作精制工艺

正山小种红茶制作精制工艺共八道：毛茶拼堆—烘焙—筛分—风选—拣剔—干燥熏焙—匀堆—装箱

复火

1.毛茶拼堆

毛茶进厂时，便对毛茶按等级分堆存放，以便于结合产地、季节、外形内质及往年的拼配标准进行拼配。把定制分堆的毛茶按拼配的比例拼堆，使茶品的质量能保持一致。

2.烘焙（走水焙）

在归堆的过程中，各路茶品含水率并不一致，部分茶叶还会受潮，或含水率偏高，需要进行烘焙，使含水率一致以便于加工。

3.筛分

通过筛制过程整理外形去掉梗片，保留符合同级外形的条索和净度的茶叶。小种红茶的筛制方法有平圆、抖筛、切断、捞筛、飘筛和风选。

4.风选

将筛分后的茶叶再经过风扇，利用风力将片茶分离出去，留下等级内的茶。

5.拣剔

把经过风选后，仍吹不掉的茶梗，外形不合格的以及非茶类夹杂物质拣剔出来，使其外形整齐美观，符合同级净度要求。一般先通过机械拣剔处理，尽量减轻手工的压力，再手工拣剔才能保证外形净度色泽要求，使茶叶不含非茶类夹杂物，保证品质安全卫生。

6.干燥熏焙

经过筛分、风选工序的红茶容易吸水，使茶叶含水率过高，需要再烘焙，使其含水率符合要求。同时，成品的传统型正山小种要求烟味更加浓醇持久，因此在干燥烘焙过程中，要另外增加熏焙松香的工序。经熏焙的正山小种，外形条索紧细匀齐，色泽乌黑油润，散发松烟香和焦糖香。

7.匀堆

经筛分、拣剔后各路茶叶再烘焙或加烟足干形成的半成品，要按一定比例拼配小样，测水量，对照审评标准并作调整，使其外形、内质符合本级标准，之后再按小样比例进行匀堆。

正山小种干茶

正山小种茶汤

8.装箱

经匀堆后鉴定各项因子符合要求后，即可将成品装箱，完成精制的整个过程。

（三）金骏眉的采制工艺要点

1.适时采青

金骏眉对原料的采摘标准非常严格，只以武夷山自然保护区内限定产区的茶树芽头为原料。一年一次，只采春芽；强调“五不采”：雨天不采，露水未干不采，芽不丰嫩不采，伤芽、病芽不采，开芽、空芽、萎芽不采，只以嫩绿茶芽为原料；采摘时间掌控上，强调嫩采、及时采，以确保金骏眉的优良纯正品质。

2.适度轻萎凋

萎凋是金骏眉制作的第二道工序。金骏眉以人工室内增氧加温萎凋为主，日光萎凋为辅。金骏眉采用适度轻萎凋的方法，保存较多的茶黄素，因而品质优、汤色金黄。

芽头采摘

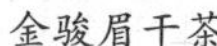
金骏眉干茶

金骏眉茶汤

3.分段揉捻

金骏眉采用机械揉捻与手工揉捻相结合的方法进行揉捻，有助于进一步紧缩眉芽，形成理想的条索外形。

4.增温加氧发酵

发酵是形成金骏眉色、香、味品质特征的关键工序，实质是以多酚类物质的酶促氧化为中心的。温度、湿度、氧气量是影响茶多酚酶性氧化重要的环境条件。

5.高温短时干燥

干燥是金骏眉加工的最后一道工序。金骏眉采用烘笼，槐炭加热烘焙。金骏眉足火烘焙，采用高温短时的方法，形成其独特香气。且因烘焙充分，香气清纯，品质优，含水量低，可较长时间保存而不变质。

第四章

优雅的冲泡品鉴

武夷茶历史悠久，底蕴深厚。自唐宋以来，武夷茶从制作技艺、文化风俗上就引领着茶界的风尚。而武夷茶在发展和沿革过程中，品饮形式和艺术也不断发生着变化。

第一节 武夷茶品饮艺术历史变迁

（一）唐代的煮茶艺术

唐代，饮茶风气极盛，陆羽在《茶经》中记载说建州所产之茶“其味极佳”。当时建州（辖武夷山）所制的茶为团茶。

炙茶　　捣茶

饮用团茶前，要经过炭火炙烤，然后放入石臼内捣碎，再经碾末，再经筛罗，然后将细末投放入鼎锅中煮沸，有的还加入姜、葱、枣、橘皮、茱萸、薄荷等并煮，捞去沫和渣，后饮之，既驱暑去寒，又可解渴充饥。如今的武夷山“擂茶”还沿袭了这种煮茶之法。有的则直接煮饮，不加它物，用以解渴。

徐夤的《尚书惠蜡面茶》诗中的“武夷春暖月初圆，采摘新芽献地仙”“金槽和碾沉香末，冰碗轻涵翠缕烟”，讲的就是当时武夷山煮茶的程序之一。由此说明在唐代武夷山饮茶主要是用煮茶法。

当时武夷山除有煮茶法之外，还有煎茶、腌茶之法。煎茶关键是煮水。水煮到第一沸时，加入少许食盐，味要淡；第二沸时，舀出一瓢，后用竹夹在水中搅动，并投入适量茶末；继续煮到沸开，即第三开。后将所舀出水倒入，用以止沸，形成泡沫。茶水表面上的一层东西分三种：薄的叫沫，厚的叫饽，细的叫花。然后就可分饮。至于腌茶即淹茶。是将捣碎之团茶放入瓶中或陶罐中淹浸，后取出泡饮。

北宋·《文会图》（局部）

（二）宋代的斗茶、分茶游艺

中国茶史上有“茶兴于唐，盛于宋”的说法。宋时，武夷山的茶事活动极为兴盛。制茶工艺考究，所制之茶精细雅致。这种佳品自然得到了到此游历、隐居的文人雅士的赏识，他们不但喜于品饮武夷之茶，而且还把它作为一种游艺，因而派生出了“斗茶”“点茶”“分茶”等高雅的茶艺形式。

1.斗茶。古时也称“茗战”。它始于五代，盛于宋元，既是比试茶优次的形式，也是比试烹点茶技艺高下的一种艺术。它对茶品、水质、茶具都十分讲究。

当时，在武夷山斗茶已成为一种规范活动。每年春茶采制后，要举行斗茶，以赛出“斗品”（极品茶）以充贡。宋苏轼有诗句云“争新买宠各出意，今年斗品充官茶”，也就是说“充官之茶”是斗出来的。

北宋的大文学家、政治家范仲淹的《和章岷从事斗茶歌》，是非常有代表性的一首记叙斗茶的长诗。他写到武夷山采茶的时季、地点和采茶、制茶，以及斗茶的激越人心的情景。范公赞武夷茶是“武夷仙人从古栽”的，所以斗品之茶“味轻醍醐”“香薄兰芷”；写到斗茶时“其间品第胡能欺，十目视而十手指”的认真状态；写到斗出高下之后“胜若登仙不可攀，输同降将无穷耻”的情景；他继而赞誉武夷斗品是“石上英”“阶前蓂”，使人“可清”头脑，能醒“千日之醉”，可“招屈原魂魄”，使酒仙刘伶如“闻雷霆”突醒，具有卢仝不敢不唱茶歌、陆羽也必定为之作“经”的魅力。范仲淹这首武夷斗茶歌，不但见证了武夷山宋代兴盛的茶事，也是研究中国茶文化的重要文献。

宋代武夷山斗茶用的是武夷山遇林亭制作的兔毫盏。这种质地细密，表面光滑，适合于当时斗茶之用。因为当时武夷末茶泡出之汤“贵白”，黑盏便于辨别汤色；茶汤泡沫着盏，盏沿着痕耐久者为胜（茶以见水痕者为负）。兔毫盏便于观察水痕有无，所以当时产制的遇林亭兔毫盏受到众多斗茶者欢迎。

宋 黑釉兔毫盏 故宫博物院藏

2.**点茶**。宋代的点茶程序：炙烤、碾罗、候汤、熁盏、烹试等。关键在注汤。正如其时蔡襄在《茶录·点茶》中说：茶少汤多，则云脚散；汤少茶多，则粥面聚。舀茶一匙于盏中，先注汤调至均匀，又添注汤，用茶筅环回击拂。视其面色是否鲜白，着盏水痕时间长短。可见，茶（时为研碾后之末茶）放少了，水注多了，表面沫连不成一片，稀疏松散；如果茶放多了，水注少了，盏面则成粥状，难以成像搅动。因此投茶注汤要恰到好处。

点茶

3.**分茶**。始于宋初，盛于宋元。宋诗人杨万里之《澹庵坐上观显上人分茶》诗云："分茶何似煎茶好，煎茶不似分茶巧。蒸水老禅弄泉手，隆兴元春新玉爪。二煮相遭兔瓯面，怪怪奇奇真善幻。纷如擘絮行太空，影落寒江能万变。银瓶首下仍尻高，注汤作字势嫖姚。"其中又有一种玩法，曰茶百戏，宋代陶谷《茗荈录》云："茶百戏，至唐始盛。近世有下汤运匕，别施妙诀，使汤纹水脉成物像者，禽兽虫鱼花草之属，纤巧如画。但须臾即就散灭。此茶之变也，时人谓之茶百戏。"

茶百戏·中国龙（章志峰 作）

《谢福建提举应仲实送新茶》中也写道："词林膺锡绣衣新，天上茶仙月外身。解赠万钉苍玉胯，分尝一点建溪春。"从中看出杨万里不但尝到"建溪春"，而且还吟咏了武夷山的景致，所以说其分茶诗也当包含了当时武夷山茶艺游戏。由此说明宋代武夷山不但有斗茶，而且还有分茶。

（三）明代散茶品饮艺术

明洪武二十四年（1391），皇帝朱元璋下诏，罢龙凤团茶，改贡茶芽。

茶芽即散茶，有晒青、蒸青、炒青制法。从此武夷山也逐步更改制法，制出探春、先春、次春、紫笋、灵芽、仙萼、雨前等茶，此等皆为散茶。

由团饼茶改制成散茶，特别是发展到炒青绿茶，这是制茶技术上的大改革。明朝诗人谢肇淛在《五杂组》中曰：“（茶）揉而焙之，则自本朝始也。”这种散茶保留了茶叶原有色、香、形、味，因而提高了饮茶的情趣；另则由于采制工艺更新简化，降低了成本，也大大提高茶之产量，扩大了饮茶群体。

炒青

明代武夷山间的饮茶方式，主要是投茶于壶（盏）中，用开水冲泡，然后饮其茶汤，这和唐宋元的煮茶、点茶法，已有很大的变化。这种饮法与后来乃至现今的冲泡饮法大体相同。由于这种冲泡饮法讲究投放茶量，水的温度，泡饮器皿等，因此更能突出茶的真味，更能体现茶之食用与饮用的区别，同时更能展示出茶的文化内涵，演绎冲泡品饮的艺术。

绿茶

（四）清代品啜乌龙茶艺术

清初，武夷岩茶首先在武夷山出现和逐步完善，极大地丰富了茶叶的冲泡品饮艺术，并为此后的工夫茶奠定了基础。

首先，武夷山独特自然环境中孕育出的武夷岩茶，耐冲泡，品饮时间长，又富文化内涵，因而被视为珍品，便衍生出了丰富多彩的冲泡品饮艺术。清人俞蛟《工夫茶》云：“今舟中所尚者，唯武夷。极佳者每斤需白镪二枚……”茶叶前辈庄任等论定“工夫茶所用之茶系武夷茶”。

其次，武夷山儒释道三教同山的历史文化，丰富多彩的山野民俗文化，以及源源不断的外来文化，这些都为乌龙茶的品饮艺术积淀了丰厚的文化内涵，为工夫茶的形成提供了品茶艺术之源泉，也为品饮功夫茶艺造就了良好的氛围。

清代冲泡品饮乌龙茶的方式，主要用小壶小杯。此法可从清代钱塘才子袁枚的《武夷茶》见之，其文曰："丙午（1786）秋，余游武夷到幔亭、天游寺诸处，僧道争以献茶。杯小如胡桃，壶小如香橼。"由此可见当时冲泡武夷茶已用小壶小杯了，此乃工夫茶的基本要求。

至于冲泡之技法，袁枚先生未详记之，只说"每斟无一两。上口不忍遽咽，先嗅其香，再试其味，徐徐咀嚼而体贴之。一杯之后，再试一二杯，令人释躁平矜，怡情悦性……"乾隆时期的闽南《龙溪县志》却载之更详了，文曰："灵山寺茶，俗贵之，近则远购武夷。以五月至，至则斗茶，必以大彬之罐，必以若深之杯，必以大壮之炉"，"扇必琯溪之蒲，盛必以长竹之筐……"说的是当时煮水、选器之讲究，这些主要源于武夷山，然后再经增添用器和程序，但其基础当源于武夷山。

武夷山核心产区茶山

以上说明，清代武夷岩茶的冲泡品饮技艺，积淀了丰富的文化内涵，并为工夫茶技艺开了先河，奠定了基础。清代兴盛的品茶之风，已成武夷山中之时尚。如今还遗存于慧苑寺柱上的楹联“客至莫嫌茶当酒，山居偏与竹为邻”，不虚为其时的真实写照。

工夫茶

第二节 武夷岩茶日常冲泡和品鉴

泡茶，说简单也不简单，要把一泡茶的汤色、香气、滋味、韵味发挥得淋漓尽致，绝非易事。岩茶的冲泡讲究：茶、器、水、人，缺一不可。正确的冲泡和品饮才能充分发挥出岩茶风韵和每泡茶的特征，领略茶中真谛，体会茶的无穷乐趣。

武夷岩茶，以岩得名，原产于福建武夷山。由于生长环境独特，制作工艺独到，为茶中珍品。它的口感醇而厚，香气丰富，回味持久，是不少茶友的最爱。丰富的品种、复杂的制作工艺，让岩茶的冲泡也更加讲究。而岩茶的品鉴，更是一门学问。20世纪90年代，武夷山茶人黄贤庚等整理出一套十八道流程的茶艺，该茶艺既具有实用性，又具有观赏性，很快传遍了全国各地，还被当作各大茶类的茶艺表演范本，现已成功列入非物质文化遗产名录，我们在后续的非遗技艺章节给予专门的介绍。这里，先向大家介绍一些优雅闲适的冲泡方法，

（一）日常冲泡武夷岩茶

武夷岩茶品饮特别重香味，先闻其香，后尝其味，高冲浅斟慢饮，是品饮武夷岩茶的特有韵趣。针对岩茶醇厚，内含物丰富、耐泡的特点，武夷山人在日常生活中总结了一套非常适合武夷岩茶冲泡与品鉴的方法——工夫茶，即用盖碗或紫砂壶冲泡，用小杯品饮，优雅又闲适，既可以茶会友，又可以茶论道。

1.冲泡流程

备器—备水—温杯—冲水—出汤—分茶—奉茶—品茶—续茶（重复多次冲水、出汤、分茶、品茶）。

2.冲泡流程要点解析

（1）备器

选择配备合适岩茶冲泡的泡茶器具，主要包括煮水器、冲泡用具、品饮杯等。煮水器可选用随手泡或风炉与陶壶组合。主要冲泡用具有瓷质盖杯或紫砂壶，还有出汤用的公道杯。泡茶容器的大小以100～150毫升为佳。生活中常用的有瓷质盖杯和紫砂壶，两者各有特点。瓷质盖杯冲泡，闻盖香更高长、清晰，更容易掌握出汤时间和茶汤浓度；用紫砂壶冲泡，可醇化茶汤，降低入口时的刺激性，但又不影响茶汤的醇度和厚度。武夷岩茶除了有盖香外，还有水香和底香，故在选择品茗杯时应选择留香效果好的杯子。从材质来看，瓷质的留香效果优于其他材质；从杯形来看，杯身较高、杯口较小的杯子聚香留香的效果较好；从色泽来看，内壁是白色的瓷杯有利于观察汤色。

（2）备水

水为茶之母，对于冲泡岩茶来说，水质的重要性，是不言而喻的。冲泡岩茶，适合采用矿泉水或是纯净水，以无异味的中性软水（pH=7）为最佳，应烧至沸水，现开现泡。有条件的，不妨尝试用山泉水来泡茶。

（3）温杯

用沸水涤荡盖杯、公道杯、品茗杯等器具。

往盖杯内注入沸水七分满，将热水从盖杯到公道杯、品茗杯依次进行。温杯不仅可以清洁器皿，还可以提升器具的温度，有利于茶香的散发。

（4）投茶

投茶时要注意茶水比，茶水比是指投茶量（单位为克）与冲泡水量（单位为毫升），茶水比大，茶汤浓；茶水比小，茶汤淡，故要掌握好合适的茶水比。武夷岩茶的茶水比一般为1∶7至1∶22之间，即：采用110毫升盖杯，投茶7～9克，适合大部分人的口感喜好。但还可视茶客口味浓淡，进行微调。

（5）冲水

在正式冲泡之前，可以将干茶投入温杯烫热后的盖杯中，左右轻轻摇动，让沉睡的茶叶通过与空气的接触和轻微的碰撞后苏醒过来，可达到醒茶提香的效果。轻闻杯中干茶香，还可以初步辨别茶叶的焙火程度和香型特征。

冲泡水温以现开现泡为佳。手持水壶沿盖杯内侧转动一圈，定点高冲。还可手持杯盖沿边轻刮一圈并用开水冲净，即为刮沫，使茶汤更加清澈洁净。

（6）出汤

影响茶汤浓淡的一个重要因素是浸泡时间。茶水比和浸泡时间对茶汤浓度的影响是相互的，茶水比大，浸泡时间要短，茶水比小，浸泡时间要相对长。好的武夷岩茶可冲泡7～10次以上，但每泡的浸泡时间都要掌握得当，方可获得以上次数。一般来说，视茶叶焙火程度不同，第一泡浸泡5～8秒左右，第二泡和第三泡3～6秒左右，焙火程度越高，浸泡时间越短。以后每泡逐次小幅延长浸泡时间。第一泡之所以比第二泡和第三泡浸泡稍长时间，是因为茶条才接触沸水，短时间内茶条未吸足水分，其内含物不易泡出，而第二泡和第三泡因茶条已吸足水分，出水需更快，以免茶汤过浓。

（7）分茶

将公道杯中的茶汤低斟至每一杯品茗杯中，分汤均匀，七分满为宜。

（8）奉茶

分杯品饮：将品茗杯杯底沾茶巾，保证杯底无水迹后，放置在茶托上奉给各位品饮者。

（9）品茶

在鉴赏岩茶时应通过观色、闻香、尝味来全面感觉岩茶之美。每杯茶在品饮时可分三口，茶汤每次入口，可以用“啜”饮方式，让茶汤与口腔充分接触，体会茶汤滋味后，再品下一口。

（二）品鉴武夷岩茶要点解析

武夷岩茶是中国乌龙茶中的杰出代表，其品质特点是外形条索紧结重实，色泽油润，香气芬芳馥郁，具幽兰之胜；滋味啜之有骨、醇厚甘爽、富于变化，饮后有齿颊留香、舒适持久的感觉，是武夷岩茶独有的品质特征。在鉴赏岩茶时应通过观色、闻香、尝味来全面感受岩茶之美。

1.品鉴流程

赏干茶、闻香气、观汤色、品滋味、看叶底。

2.品鉴方法

（1）赏干茶

冲泡前鉴赏武夷岩茶的外形。武夷岩茶的外形条索紧结，稍扭曲，色泽青褐油润或乌褐，匀整洁净。

（2）闻香气

武夷岩茶的香气包括干茶香、冲泡时的盖香、水香和底香来综合品鉴武夷岩茶的香气。闻香时宜深吸气，每闻一次后都要离开茶叶（或杯盖）呼气。

武夷岩茶的香气属丰富的、天然的花果香，如水仙的兰花香、肉桂的桂皮香，岩茶常见的香型有花果香（兰花香、桂花香、栀子花香、雪梨香、水蜜桃香等）、焦糖香、奶油香等。专业人员常用“香气芬芳馥郁，具幽兰之胜，锐则浓长，清则幽远”来形容岩茶香气的质感。

干香：指冲泡前的茶叶香气，将茶叶倒入温杯后的盖杯或壶内，盖上盖后摇动几下，再嗅闻干茶的香气。干茶香一般可以初步判断茶叶有无弊病，如有无异杂味、是否吸潮、有无陈味等。

盖香：指茶叶冲泡时杯盖上的香气。或者出汤后也可闻盖香，细闻盖香是鉴赏武夷岩茶香气的纯正、特征、香型、高低、持久等的重要方式。

水香：指茶汤中的香气，也称水中香。可一手持茶托，一手持茶杯，移至口鼻下方，徐徐吸气，嗅闻茶汤香气，茶汤入口充分接触后，口腔中的气息从鼻孔呼出，细细感觉和体会武夷岩茶的香气。

底香：包括杯底香和叶底香。杯底香指品茗杯或茶海饮尽或倒出后余留的香气，也称挂杯香。叶底香指茶叶冲泡多次后底叶的香气。品质好的武夷岩茶经多次冲泡后叶底仍有明显花果香或清甜气息。

（3）观汤色

观看杯中茶汤颜色，茶汤颜色受焙火程度影响大，火功轻的岩茶汤色呈金黄或较深的黄色，中等火功的汤色呈橙黄色或深橙黄，高火功的汤色为橙红、深橙红或褐红，故不能依据茶汤颜色的深浅来判断品质的好坏。汤色的清澈明亮度才是好茶的标准。

（4）品滋味

宜用啜茶法或含英咀华，即唇触品茗杯边沿轻啜小口茶汤，茶汤吸入口腔后不吞咽，含在口腔通过喉咙用力吸气与放松，让茶汤在口腔中停留并回转，充分接触口腔的不同部位，细细展开、分解，去捕捉、感悟岩茶的鲜、醇、香、活，吞咽后还有齿颊留香之感。林馥泉先生认为“岩茶之佳者，入口须有一股浓厚芬芳气味，入口过喉，均感润滑活性，初虽有茶素之苦涩味，过后则渐渐生津……”

（5）看叶底

冲泡后观看叶底。武夷岩茶是部分发酵茶，故叶底表现为“绿叶红镶边”。做青到位的岩茶其叶底的“绿”表现为“明亮的黄绿色”，“红”是“朱砂红”，若是火功高的茶，其叶底颜色也较深，为褐色，不易看出其红边，叶表有“蛤蟆背”状。

（三）适合上班族的两种简易冲泡法

仪式感满满的冲泡与品茶是一种享受，但在快节奏工作生活的当下，讲究的岩茶也可以做个减法，简单地传递好滋味。

1.岩茶闷泡法

只需三步，烧水、投茶、闷泡。能多人饮用，还适合长效保温。只要手边有一个小小闷泡壶，便可以更简单便捷地享受适口的茶汤。当然，也需控好茶水比（1∶100）与闷泡时间（20~30分钟）。岩茶的品种有所选择，尽量规避清香型岩茶，选择发酵度高且为储存三年以上的岩茶。

2.茶水分离泡法

用茶水分离杯，两段式结构，一倒一正，茶水分离。根据个人喜好，掌控茶水的浓淡。1∶50的茶水比，足矣。

第三节 武夷红茶的日常冲泡与品鉴

以正山小种为主要代表的武夷红茶，始创于明末清初，是世界红茶之源，亦称“红茶鼻祖”。迄今武夷红茶已有400多年历史，在不同的年代武夷红茶所指的茶是略有不同的。按照福建省地方标准《地理标志产品武夷红茶》（DB35/T1228–2015）的表述，武夷红茶是指“在独特的武夷山自然生态环境下，选用适宜的茶树品种进行繁育和栽培，用独特的加工工艺制作而成，具有独特韵味、花果香味或桂圆干香味品质特征的红茶”。此标准将武夷红茶分为正山小种、小种、烟小种和奇红，它们在品质上都具有独特性，不可替代性，都反映着武夷山不同区域的风土。

武夷红茶既可清饮也可调饮，清饮追求的是红茶的真香本味，展示了其高雅格调；调饮感受的是红茶的兼容性和调配后的丰富性，展示了其优雅浪漫的风格。

我们以正山小种为例，介绍武夷红茶清饮和调饮的方法。

（一）日常冲泡正山小种（清饮）

1.冲泡流程

备器—备水—赏茶—温杯—投茶—冲泡—出汤—斟茶—奉茶—品茶—续茶（重复多次冲水—出汤—斟茶—品茶）。

2.冲泡流程要点解析

（1）备器

红茶冲泡以白瓷或玻璃器具为佳。需准备烧水炉、烧水壶、茶壶或盖杯、品茗杯、茶海，以及茶荷、茶匙、茶巾、茶托等辅助冲泡茶具。

（2）备水

选择清洁、无污染的优质水源地制造的低矿化度、低硬度和中性或微酸性包装水；城市自来水，宜过滤处理后再使用，亦可预先贮于缸中放置一段时间让氯气逸失后再用以冲泡茶叶。并将水烧沸备用，冲泡水温应控制在90℃～95℃。

（3）赏茶

冲泡红茶以5克为宜，用茶匙将适量干茶拨入茶荷中，双手捧起茶荷、茶横向倾斜15°向前由右至左让客人观赏，用赏茶及温杯的这段时间，干茶与空气充分接触，也起到了醒茶的作用。

（4）温杯

用初沸的水烫洗品茗杯、茶壶或盖碗等茶具。先将开水冲入盖碗，再将滤网置于茶海上、左手打开杯盖1/3（三点式拿起盖碗）倒入茶海（注意上下两次沥水动作），再左手收回过滤网；右手拿起茶海、由左至右依次倒入品茗杯、多余茶水倒入茶洗中。洁杯温盏，清洁茶具，同时起到提升温度的作用。

（5）投茶

右手拿起茶拨分三次将茶叶缓缓拨入盖碗。红茶的冲泡茶水比一般为1∶30，如茶叶5克，水150毫升。喜浓者投茶量多些，浸泡时间可适当延长；喜淡者投茶量少些，浸泡时间可适当缩短。

（6）冲泡

初沸的水凉至90℃～95℃时，可采用定点高冲法，让茶条在盖碗中旋转，激发茶叶内质释放。品鉴可依个人品饮习惯不同调整茶汤浓度，方法是调整茶水比或浸泡时间和冲泡次数。第一泡（8秒）、第二泡（5秒）、第三泡（12秒）、第四泡（20秒），第四泡后每泡的浸泡时间比上泡适当延长5～10秒。茶叶的浸泡时间不含注水和出汤的时间。

（7）出汤、斟茶

三点式将茶汤倒入茶海、右手拿起茶海、左手辅承由左至右依次低斟入品茗杯，每杯宜斟至七分满。

（8）奉茶

杯底沾巾，右手拿起茶夹，小心夹起品茗杯放置左手茶托上，依次奉给宾客品饮。

（9）品茶

品饮红茶时，用右手三指式拿起品茗杯一看、二闻、三品，茶汤每次入口需和口腔的各个部位充分接触，体会茶汤滋味。正山小种红茶具有香醇可人的滋味和鲜亮的汤色，非常适合于泡纯红茶，直接清饮。

（10）续茶

重复多次冲水—出汤—斟茶—品茶。

3.品鉴武夷红茶要点解析

（1）品鉴流程

赏干茶、闻香气、观汤色、品滋味、看叶底。

（2）品鉴方法

◆正山小种品鉴

①赏外形：外形条索肥实，色泽乌润。

②观汤色：汤色橙黄亮丽，有金圈为上品，汤色浅、暗、浊为次之。

③闻香气：悠长的松烟香和鲜爽的桂圆香。

④品滋味：滋味醇厚鲜爽，桂圆干香味回甘久长为好，淡、薄、粗、杂滋味为较差。

⑤看叶底：叶底张嫩度柔软肥厚、整齐、发酵均匀古铜色是高档茶，呈死红、花青、暗张、粗老的品质较差。

◆金骏眉品鉴

①赏外形：金骏眉干茶条索均整紧结，色泽为金黄黑相间，黑色居多，干茶带有蜜香和花香。

②观汤色：金骏眉汤色金黄透亮，光圈显。

③闻香气：金骏眉花果蜜综合香型，高山韵明显。

④尝滋味：入口醇厚，滋味鲜活甘爽，水中带甜，甜里透香，喉韵悠长，沁人心脾，仿佛令人置身于森林之中，经十余次冲泡后，茶水口感依然饱满甘甜。

⑤赏叶底：叶底软亮舒展，秀挺鲜活，净无碎末，色呈古铜。

（二）武夷红茶调饮的冲泡方法

红茶凭借红艳的汤色和甜醇的滋味受到人们的喜爱，而红茶又有着非常强的兼容性与包容性。好的红茶，除了清饮细品之外，加入各种美味进行调和，有了更加丰富的味道，我们以正山小种为例，介绍武夷红茶的调饮方法及要点。

1.牛奶红茶

传统的正山小种红茶滋味醇厚，似桂圆汤味，气味芬芳浓烈，如加入牛奶，茶香不减，形成糖浆状奶茶，甘甜爽口，别具风味。

备具：茶匙、煮茶壶、茶漏、公道杯、茶杯等。

备料：传统工艺正山小种、纯净水、白糖、纯牛奶。

冲泡步骤：

（1）称量5克正山小种。

（2）将茶倒入煮茶壶中，加上300毫升的沸水（茶与水比例1：60较为适宜），煮茶8分钟即可滤出茶汤。

（3）将煮好的茶过滤到空杯中。

（4）取牛奶和茶汤待用（也可直接用量杯倒出120毫升茶水、30毫升牛奶、3克绵白糖），茶汤、纯牛奶和绵白糖的一般比例为40：10：1，也可根据个人的口味、牛奶的浓度适当去调整比例大小。

注：如果需要加热牛奶，加热牛奶时不需要沸腾，温热冒泡泡即可。

（5）调饮：先将准备好的牛奶注入公道杯中；再加入准备好的红茶茶汤；最后加适量白砂糖，搅拌均匀。（可根据个人喜爱添加小料和装饰，如：珍珠，椰果。）一杯浓醇饱满的奶茶就制作完成了。

要制作好喝的牛奶红茶，优质的红茶是最主要的。用传统工艺制作的正山小种红茶冲泡的牛奶红茶芳香无比，口感迷人。

2.皇家红茶

正山小种红茶早在17世纪初就在英国贵族里流传，在欧洲皇室中掀起饮中国红茶的风潮。因此以正山小种红茶与白兰地调出的饮料被称为皇家红茶。皇家红茶不仅口感不同于一般红茶，就连制作过程也充满了浪漫色彩。

备具：茶匙、玻璃壶、茶漏、玻璃公道杯、茶杯、火柴。

备料：传统工艺正山小种、方糖；酒精浓度较高的白兰地。

冲泡步骤：

（1）先泡好一杯热红茶，在杯上摆放一支小匙，然后在小匙上放一颗方糖。

（2）将白兰地浇在方糖上，使之充分吸收。

（3）在方糖上点火，使白兰地徐徐燃烧，让方糖溶解，待白兰地的酒精完全挥发之后，将小匙放入茶杯内搅拌均匀。

在寒冷的冬夜，空气中弥漫着白兰地醉人的醇芳，随着酒味的消失，方糖燃烧产生的一种独特的焦甜味，伴和着红茶的醇香，使这道皇家红茶更雍容华贵，口味更为华美。

3.英式下午茶的品饮

红茶虽然原产于中国武夷山，却在国外受到更大的欢迎，尤其是英国。自17世纪英国人接触到红茶后，三百多年来逐步发展出一套优雅的红茶文化，并成为世界红茶文化的主流。英国的红茶文化形成是自上而下的，1662年，凯瑟琳公主带动了英国宫廷和贵族品饮红茶的风气，她陪嫁来的茶叶和陶瓷茶具，以及她冲泡和饮茶方式，都成为上层阶级乃至普通老百姓仿效的时髦风尚。在英国的红茶文化中，特别值得一提的是下午茶。到了下午三四点时英国人习惯有一段15～20分钟左右的茶点时间，惬意地饮一杯红茶，并配以一些小点心。到如今下午茶已经演变成为五花八门的茶会，成为重要的社交活动。下午茶从茶叶的选用，茶具的品质，冲泡要领，摆放方式，场地气氛等等都颇讲究。主人们会布置一个优雅舒适的环境，摆上精致华美的茶具，备妥优质红茶和糕饼点心，使主宾都悠闲地放松心情联谊。户外茶会则在绿意喜人的庭院，和煦的阳光之中，享受自然的美景，品味美味的红茶，谈笑风生。下午茶充分展示了红茶文化的华丽和优美。

下午茶该怎么喝？

（1）下午茶的最正统时间是下午四点钟（俗称Low Tea）。

（2）在维多利亚时代，男士是着燕尾服，女士则着长袍。现在每年在白金汉宫的正式下午茶会，男性来宾则仍着燕尾服，戴高帽及手持雨伞；女性则穿白洋装，且一定要戴帽子。

（3）通常是由女主人着正式服装亲自为客人服务。除非不得已才请女佣协助以表示对来宾的尊重。下午茶饮用的就是中国红茶，若是喝奶茶，则是先加牛奶再加茶。

（4）正统的英式下午茶的点心是用三层点心瓷盘装盛，第一层放三明治、第二层放传统英式点心Scone、第三层则放蛋糕及水果塔；由下往上开始吃。至于Scone的吃法是先涂果酱、再涂奶油，吃完一口、再涂下一口。

（5）点心食用礼仪。茶点的食用顺序应该遵从味道由淡而重，由咸而甜的法则。先尝尝带点咸味的三明治，让味蕾慢慢品出食物的真味，再啜饮几口芬芳四溢的红茶。接下来是涂抹上果酱或奶油的英式松饼，让些许的甜味在口腔中慢慢散发，最后才是甜腻厚实的水果塔，带领你亲自品尝下午茶点的最高潮。

（6）严谨的态度。这是一种绅士淑女风范的礼仪，最重要的是当时因茶几乎仰赖中国的输入，英国人对茶品有着无与伦比的热爱与尊重，因此在喝下午茶的过程中难免流露出严谨的态度。甚至，为了预防茶叶被偷，还制作了一种上了锁的茶柜，每当下午茶时间到了，才会由女佣取钥匙开柜取茶。

（7）品赏精致的茶器。下午茶的意义就在于，美味在齿间弥漫之时，精致的茶器也让人赏心悦目。

第四节 武夷岩茶的感官审评

武夷岩茶感官审评是茶叶专业审评人员通过正常的视觉、嗅觉、味觉、触觉感受，对武夷岩茶的感官特性（外形、色泽、香气、滋味和叶底等）进行鉴定，是一项技术性很高的工作。为了准确评定武夷岩茶品质，评茶人员必须不断提高和锻炼自己的审辨能力，掌握审评要点，使嗅觉、味觉、视觉、触觉都有正确的反应，避免各种外界因素的干扰，还应该深入到武夷岩茶茶园考察生长环境和栽培管理，了解加工制作的过程，取得感性认识，以提高审评的准确度。

（一）武夷岩茶专业感官审评方法

武夷岩茶审评分干评和湿评，主要用具有：审评杯（钟形杯）、审评碗、汤匙、小茶杯、叶底盘、计时器、网匙、天平等用具。

武夷岩茶审评用具

1.干评外形

审评外形一般是将样茶放入审评盘里（数量180 ~ 200克），双手拿住审评盘的对角边沿，一手挡住样盘的倒茶小缺口，运用手势作前后左右的回旋转动，使样盘里的茶叶均匀地按轻重、大小、长短、粗细等不同有序地分布，分出上中下三个层次。一般来说，比较粗长轻飘的茶叶浮在表面，叫面装茶，或称上段茶；细紧重实的集中于中层，叫

干评外形

中段茶，俗称腰档或肚货；体小的碎茶和片末沉积于底层，叫下身茶，或称下段茶。审评毛茶外形时，先看面装，后看中段，再看下身。看三段茶时，根据外形审评各项因子，以条索、色泽为主，结合整碎和净度，条索看松紧、轻重、壮瘦、挺直、卷曲等。色泽绿褐或青褐油润为好，以灰褐、枯竭为次，条形匀整饱满，无梗片和夹杂物。同时要注意各段茶的比重，分析三层茶的品质情况。

2.湿评内质

以香气、滋味为主，结合汤色、叶底。冲泡前先洗净用具，在审评盘上摇匀样茶，使上、中、下段茶分布均匀，用拇指、食指、中指扦取5克样茶，撮取的样茶应包括上、中、下三层茶，使之具有充分的代表性。每次称取应一次抓够，宁可手中稍有余茶，不宜多次抓茶添增，秤后将样茶投入盖杯中，用现开的水冲泡，并用盖刮去泡沫，将盖洗净后稍斜放（盖）好。第一泡2分钟（1分钟后闻香气，2分钟后倾出茶汤），第二泡3分钟（2分钟后闻香气，3分钟后倾出茶汤），第三泡5分钟（3分钟后闻香气，5分钟后倾出茶汤）。每次闻香后，再倾出茶汤，看汤色，尝滋味。

闻香气：用拇指、食指、中指拿凹形杯盖靠近鼻子，闻杯盖中随水汽蒸发出来的香气，以辨香气类型、纯杂、高低、粗细、长短、持久性。第一泡闻香气纯杂、高低，第二泡辨别香气类型、粗细，第三泡闻香气的持久性。

闻香气

看汤色：用拇指和中指拿杯沿、食指压盖顶，提杯倾斜，将茶汤倒入汤碗中。主要看汤色的浓淡、深浅、清澈、浑浊，以清澈明亮，呈金黄或橙黄或深橙黄为好。

尝滋味：滋味有厚薄、浓淡、苦涩之分。第一泡滋味浓可能还带有杂味，不易辨别，第二泡清纯，较准确辨别茶的真味，第三泡评茶的耐泡性。苦涩味在口腔中的部位不同而体现不同，一般认为舌面略苦涩是正常的现象，能很快

尝滋味

回甘，舌根下面的苦是真苦，不易消退，舌两侧涩是轻涩尚能较快回甘，两颊感涩为重涩，回甘较慢，齿根及嘴唇涩味是“麻”，不易回甘，是内质不好的表现。

看叶底：叶底应放入装有清水的叶底碗或叶底盘中，看叶的老嫩度、厚薄、硬软、色泽、红边程度和火功程度等。

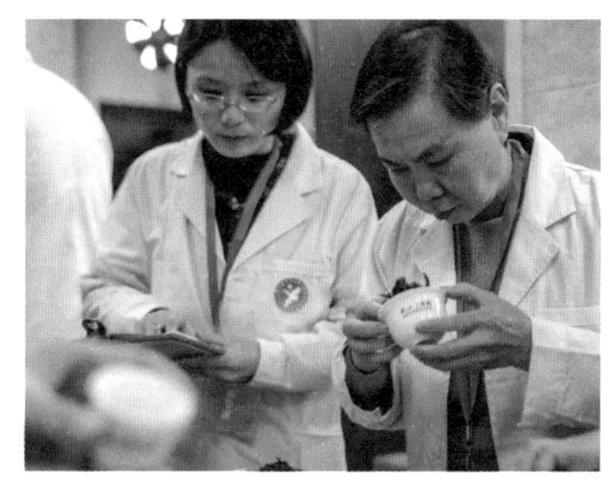
看叶底

（二）武夷岩茶的审评要点

武夷岩茶品质风韵浓厚，香味隽永，故审评过程必须耐心细致认真，做到“三看、三闻、三品、三回味”。

1.三看：即看干茶、看汤色、看叶底

一看：干茶的外观形状及色泽，条索紧结、重实，色泽绿褐或青褐油润。条形匀整饱满，无茶梗、无黄片、无三角片、无黄条、无夹杂物等。

二看：汤色。汤色应当金黄或橙黄或深橙黄，清澈艳丽明亮，赏心悦目，浓茶汤色可呈鲜亮的琥珀色。

三看：叶底。叶底放入装有清水的叶底碗或叶底盘中。叶底软亮，叶缘朱红明亮，中央黄绿，呈绿叶红镶边；叶底暗褐色，呈现似蛤蟆背状，所谓蛤蟆背就是叶面上隆起的大大小小、分布不均、凹凸不平的小泡点。

看汤色

2.三闻（嗅）：即干闻、热闻、冷闻

一干闻：主要闻干茶的香型，以及有无陈味、潮味、霉味和吸附了其他的异味。

二热闻：是指冲泡后趁热闻茶的香气。茶香有芳香、甜香、火香、清香、奶油香、花香、桂皮香、蜜桃香、果香、品种香等不同的香型，每种香型又分为馥郁、浓郁、清高、幽雅、辛锐、纯正、清淡、平和等表现程度。好的岩茶香气芬芳馥郁，具幽兰之胜，锐则浓长，清则幽远，丰富幽雅、持久。

三冷闻：是指温度降低后再闻杯盖或杯底留香，这时可闻到因茶叶芳香物在高温时大量挥发而附在盖或杯底上的气味，尤其以明显者为上。

优质武夷岩茶的香气一般锐者需浓长，幽者需清远，有芳香馥郁的天然花果香气，香气纯而持久。

3.三品：即品火功、品滋味、品岩韵

即通过“含英咀华”品啜茶汤来评鉴武夷岩茶的内质。

一品：火功。火功是岩茶独特的“烘焙工艺”所形成的风格特征。因烘焙温度和时间不同，火功程度分为轻火、中火和足火。轻火、中火的武夷岩茶清花香明显，滋味稍清淡些，足火武夷岩茶果香明显，滋味更浓烈。

二品：滋味。品滋味的厚薄、浓淡、苦涩。啜之有骨，厚而醇，润滑甘爽，舒适持久。

三品：岩韵。亦指“岩骨花香”，它是武夷岩茶独特的自然生态环境、适宜的茶树品种，良好的栽培技术和传统而科学的制作工艺综合形成的香气和滋味，是武夷岩茶独有的品质特征。品悟岩韵是品武夷岩茶的特色之方式，要用心综合领悟武夷岩茶中的“岩韵”，要从舌本去细辨、从喉底去感受，方能体会出舌底生津、口里回甘、神清气爽、心旷神怡的感受。

4.三回味：是在品茶之后的感受，古人曾有“舌本常留甘尽日”的赞誉。

优质武夷岩茶饮之后：一是舌根回味甘甜，满口生津；二是齿颊回味甘醇，留香尽日；三是喉底回味甘爽，气脉畅通，五脏六腑如得滋润，使人心旷神怡，飘然欲仙。

（三）大众化的武夷岩茶审评品鉴

由于武夷岩茶千变万化的滋味受到了越来越多茶友的热衷和追捧，因此，武夷山的茶叶专家们在历年的民间斗茶赛中，将专业感官审评的要点进行简化，围绕着“八项因子”的维度，形成一套雅俗共赏的大众感观审评方法，介绍给大家，让大家能够更好地了解武夷岩茶。

茶叶感官审评“八项因子”：指分别对茶叶的外观、香气、滋味、汤色、叶底五项进行评判，其中的“外观”又分为条索、色泽、整碎、净度

四项，这就是我们通常对茶叶进行审评的八个维度，俗称“八项因子”。

审评的基本流程分干评外形和湿评内质，分别是：干评外形、开汤冲泡、闻香气、看汤色、尝滋味、观叶底。

武夷岩茶外质的审评以条索外形、色泽为主，辅看匀整性和净度。

条索：看松紧、轻重、壮瘦、挺直、卷曲等。

色泽：色泽以青褐或乌褐油润为好，以枯燥无光为差，同类茶品色泽越纯正越好。

整碎：是指茶叶叶片的完整程度，叶片越完整，越符合级别标准。这是针对茶叶销售前的毛茶状态定级。

净度：是指茶叶中无异物，如非茶类杂物草、石子等等，同类茶中净度越高越好。

湿评内质以闻香气和尝滋味为主，结合看汤色和观叶底。湿评内质前须进行开汤冲泡，先称取茶样放入审评杯中，然后沸水冲泡，浸泡时间到立即出汤。

在审评武夷岩茶时以嗅杯盖香为主，在每次冲泡的过程中揭盖闻香：第一泡闻香气的高低和纯异；第二泡辨别香气类型、质感的优劣；第三泡闻香气的持久程度。闻香以花香或果香细锐、高长的为优，以余香持久者为优，以粗钝低短的为次。

仔细区分不同品种茶的独特香气，如武夷肉桂似水蜜桃香、似桂皮香，武夷水仙似兰花香。闻香气时要注意以下问题：第一，因为我们的嗅觉细胞很容易产生适应性（入芝兰之室，久而不闻其香），故每次闻香时间最好控制在2~3秒内；第二，闻香气时不能说话，不能对着杯盖呼气，以免使杯盖沾染上不纯的气味。

茶叶评审当中，茶汤是指茶叶在100℃沸水中浸泡三分钟后（乌龙茶则分为2分钟、3分钟、5分钟三次浸泡）所析出的汤水，汤色从色度、清浊度和明暗度进行评判。武夷岩茶由于焙火程度不一，茶汤颜色的跨度比较大，毛茶和轻焙火的岩茶一般呈现金黄、橙黄的颜色，中焙火的岩茶一般呈现深橙黄、橙红的颜色，足焙火的岩茶一般呈现深橙红的颜色，高焙火的岩茶一般呈现褐红或红褐色。汤色要求清澈明亮，浑浊暗淡的茶汤不好。

用汤匙将茶汤舀入品茗杯中，品茗杯放在嘴边，然后快速将茶汤吸入口中，不能马上吞下去，要通过啜茶的方式让茶汤与舌头上的味蕾充分接触。滋味有浓淡、厚薄、爽涩等之分，对滋味的评判以第二泡茶汤为主，综合第一泡和第三泡的滋味特点，特别是初学者，第一泡滋味浓，不易辨别。茶汤入口刺激性强，稍苦回甘爽，为浓；茶汤入口苦，饮后也苦而且苦感在舌根，为苦。评定时以浓厚、浓醇、鲜爽回甘者为优，以粗淡、粗涩者为次。

叶底应放入装有清水的叶底盘中，从嫩度、软硬、厚薄、色泽、红边程度、火功程度等方面进行评判。叶张完整、柔软、肥厚、色泽黄亮、红点明显为好，但品种不同叶色的黄亮程度有差异。叶底单薄、粗硬、色暗绿、红点暗红的为次。一般而言，做青好的叶底红边或红点呈朱砂红为优，猪肝色为次，暗红者为差。评定时还要参考品种特征。

第五章

丰富的非遗文化

作为首个“中国茶文化艺术之乡”，武夷茶文化，传承千载，历久弥新，不仅有着历史文化底蕴的芬芳，勤劳智慧的劳动人民还创造出了茶艺、茶百戏等与茶事有关的游艺形态以及独具地方特色的茶礼茶俗，这些都已成为宝贵的非物质文化遗产，散发着这块土地的文化魅力。

第一节 非遗技艺·武夷茶艺

武夷岩茶“臻武夷山川精英秀气所钟，品具岩骨花香之胜”，被誉为乌龙茶中的珍品。20世纪90年代，武夷山文化部门在民间品饮习俗的基础上，大量查阅历史资料、借鉴前辈茶人经验、走访武夷山知名茶师与茶农，将冲泡、品饮武夷岩茶汇总整理，创作出十八道“武夷茶艺”，一经推出，即为茶人所欣赏并广泛接受。2021年，武夷茶艺正式入选南平市非物质文化遗产。

武夷茶艺以其祥和、宁静、古朴、典雅，体现了茶的精神境界，作为一种极具艺术性和观赏性的非遗项目，在茶文化的传播过程中，独具雅趣魅力。

十八道茶艺分别是：

第一道 焚香静气

即焚点一炷檀香，营造祥和肃穆的氛围，让各位嘉宾更快地进入茶之最佳境界。武夷茶艺首先追求的是一种宁静的氛围，焚点檀香正是以此为目的，造就幽静、平和的品茶氛围。

第二道 叶嘉酬宾

即让来宾鉴赏茶叶，赏其外形、色泽，以及嗅闻香气。叶嘉出自宋代诗人苏东坡的《叶嘉传》，意为茶叶之嘉美。

第三道 活煮山泉

即用旺火来煮沸壶中的山泉水。泡茶用水极为讲究。宋代大文豪苏东坡精通茶道，他曾说：“活水还需活火烹。”

第四道 孟臣沐霖

即向壶中注入开水提高壶温之意。孟臣，明代人，以擅长制作紫砂壶而闻名，后人为了纪念他，将上好的紫砂壶称之孟臣壶。

第五道 乌龙入宫

即通过茶勺将茶折盛放的茶叶引入紫砂壶内。“宫”即为紫砂壶的代称，放入壶内的茶叶量因人而异，适浓者多加，喜淡者少放，一般为茶壶的二分之一。

第六道 乌龙入海

冲泡武夷岩茶讲究头泡汤、二泡茶，将第一泡茶直接倒入茶海，称之为乌龙入海。

第七道 悬壶高冲

武夷茶艺的冲泡技艺讲究高冲水，低斟茶，现在我们通过悬壶高冲，使茶叶随水翻滚，早些出味。

第八道 春风拂面

即用壶盖轻轻地刮去茶壶内茶水表层白色的细致泡沫，使茶汤更加清澈、洁净。

第九道 重洗仙颜

即用开水浇淋茶壶的外表，这样既可以洗净茶壶的表面，又可以提高壶内外的温度。重洗仙颜为武夷山一处摩崖石刻，借用于此可洗却茶人凡尘之心。

第十道 若深出浴

即为烫洗茶杯之意，其目的是使其清新洁净，又提高它们的温度。若深，清初的烧瓷名匠，他所烧制的白瓷杯小巧玲珑，薄如蝉翼，后人为了纪念他，把名贵的白瓷杯喻为“若深杯”。

第十一道 玉液回壶

通常泡武夷岩茶要一分到一分半钟，在此期间先斟出一杯来观其汤色的浓度，然后再返回壶内，称之为玉液回壶，这时茶就冲泡好了。

第十二道 关公巡城

接下来的分茶有以下两道程序：第一道关公巡城，即来回依次地往各杯巡斟茶水。

第十三道 韩信点兵

当壶中茶水剩下少许时，再次改为逐个点斟的手法称之为韩信点兵。

焚香静气

叶嘉酬宾

孟臣沐霖

乌龙入宫

春风拂面

乌龙入海

悬壶高冲

值得注意的是，这时的每一杯茶都是没有斟满的，因为古人云：七分茶，八分酒；酒满敬人，茶满欺人，茶不斟满是表示主人对大家的尊敬。

第十四道 三龙护鼎

端杯有一定的端机姿势，男士收拢小指，女士翘起兰花指，并用手轻轻地托住杯底，显得端庄典雅。

第十五道 鉴赏三色

即品茶之前先观其色，所谓品茶，品字三个口字组成，而喝这杯茶也分三步：一是先观色，二是闻香，三是品味。在闻香品茶前先观看一下茶水在杯中上、中、下三层颜色，上层淡，中层浓，而最底层会有细小的茶沫。

第十六道 喜闻幽香

经过观色后，我们再闻茶汤和杯底的香味，随着温度降低，可闻到不同芬芳。

重洗仙颜　若深出浴　玉液回壶　关公巡城　韩信点兵　三龙护鼎　鉴赏三色　喜闻幽香　初品奇茗　尽杯谢茶

第十七道　初品奇茗

品茶时，啜入一小口茶汤后，让茶汤在口腔中翻滚，并冲击舌面，与味蕾充分接触，以精确品出岩茶的真香。

第十八道　尽杯谢茶

喝尽杯中之茶，以感谢大自然的恩赐，以及茶人栽制佳茗的辛劳。

第二节 游艺·武夷茶百戏

中国历史上饮茶方法主要有三种，即煮茶法、点茶法、泡茶法。历史上茶叶按形态分主要有两大类，一类是用于冲泡用的散茶，还有一类就是研膏茶（也称团饼茶），研膏茶用于煮茶和点茶。点茶法是将研膏茶粉加水搅拌形成泡沫的饮茶方法，茶百戏采用点茶法。

茶百戏演示

（一）历史渊源

武夷茶百戏具有悠久的历史，在唐代已初现雏形，宋代闽北武夷山一带盛行的斗茶客观上促进茶百戏的推广。蔡襄在《茶录》中记述：“建安斗试以水痕先者为负，耐久者为胜”。苏轼有诗云：“沙溪北苑强分别，水脚一线争谁先。”闽北一带盛行的斗茶促进了分茶技艺的提高。元代后闽北武夷山一带仍有点茶、分茶流传。元代崇安人刘说道在诗中云：“进入蓬莱宫，翠瓯生白云。”明代崇安人邱云霄写道：“品落龙团翠，香翻蟹眼花。”清代闽北武夷山一带仍有点茶法流传。清代李卷在《茶洞作武夷茶歌》记载：“乳花香泛清虚味，旗枪浮绿压醍醐。”描述了点茶后茶汤的效果。经过现代人的研究和发掘，这一古老技艺终于在2009年得以恢复。2017年1月茶百戏列入福建省非物质文化遗产。

（二）技艺手法

茶百戏是点茶文化的精粹，其特点是用清水就能使茶汤表面幻变出图案。“茶百戏”的历史依据非常丰富，北宋陶谷在《茗荈录》中专篇记载了茶百戏：“近世有下汤运匕，别施妙诀，使汤纹水脉成物象者，禽兽虫鱼花草之属，纤巧如画。”明确说明茶百戏的方法是“下汤运匕”，即通过注汤和茶匙搅动，用清水使茶汤幻变出花鸟虫鱼等生动具体的图案。

武夷茶百戏所用的原料多为团饼茶，由团饼茶加工成可以用于点茶的抹茶需要经过炙茶、碾茶、罗茶等工序，武夷茶百戏的演示步骤主要有候汤、烫盏、点茶、分茶。欣赏、品饮、保健功能兼备，适于游人体验和互动，是新型的文化旅游产品。自恢复以来，多次应邀在国际交流活动等重要场合展示，这项中华优秀传统文化又活态传承于民间。

第三节 传统技艺·小种类茶

武夷山是茶的故乡，茶人茶农在日常生活过程中，不仅创制出登入大雅之堂的岩茶、红茶，在民间，还流传着诸多小种类茶的制法，同样凝聚了劳动人民的智慧，传承至今，是武夷茶文化的重要组成部分。

（一）香橼茶

香橼茶在武夷山有悠久的历史，为彭祖治疗山民以“香橼入茶，饮之，即愈”。《本草纲目》说香橼茶“饮食，去肠胃中恶气，解酒毒，治饮酒人口气，不思食，口淡，化痰止咳”。南宋时，彭祖裔孙彭夷辞官归里，对香

香橼茶

橼茶入药、验方作了改进。明嘉靖《建宁府志》就有香橼栽种的记载。

武夷山人认为香橼茶是“万病之药”，被誉为“叫得应”的看家茶。可以“祛风解表、宽中理气”，特别是对小儿积食有奇效。在缺医少药的年代，香橼茶就成为民间最为简朴有效的“看家平安茶”，因此武夷山人对其怀有深厚的情感，当地一般由外婆呼唤外甥制作，故又称外婆茶。当地的一些农村至今仍保留家家种香橼树、户户做香橼茶、到九曲溪边捡食香橼的习俗。

填入茶叶

盖皮捆绑

取出茶囊

制作香橼茶主要步骤是：采摘交冬过后香橼；在上端1/4处割断，上片留作器盖；反复揉捏，至皮瓤分离，淘出果瓤；在空壳填充茶叶，压紧压实；填满后，将盖皮缝合；用绳索先将香橼横竖十字捆绑，左右采用米字捆绑，最后捆成一个八瓣的南瓜形的“茶囊”。期间不停整形，还原成完整香橼状；香橼“衲”好后，挂于阳光充足，通风处风干。后再静置回潮、再风干晾干，周而复始，直至干透为止，一般要求晾干陈化十年以上。

（二）龙须茶

龙须茶产于清初，原产于崇安（今武夷山市）、建阳和建瓯等地，以武夷山麓八角亭所产历史最久，品质最优，产量最大，故又名“八角亭龙须茶”。《续茶经》记载：“摘初发之芽一旗未展者，谓之莲子心；连枝三四

整理扎束

龙须茶成品

寸，剪下烘焙者，谓之凤尾龙须。”《中国茶经》记载，清康熙年间已销美国旧金山及新加坡等东南亚地区，在海外侨胞之间久负盛名。

龙须茶酷似“龙须”，外形壮直墨绿，以五彩色丝线捆扎成束，属茶叶手工艺品。民国茶叶专家廖存仁有《龙须茶制造方法》一文。制作的主要工序有：采摘、萎凋、杀青、揉捻、整理扎束、烘焙、摊晾回潮、复火等工序。工艺繁复细致，焙制复杂精巧，其内质特色介于烘青绿茶与乌龙茶之间，外形壮直，色呈墨绿，乌龙茶香型，伴有花香，滋味醇厚，汤色橙黄，清澈明亮，经泡耐饮，迄今已有近300年历史。2010年10月入选武夷山市第二批非物质文化遗产代表性项目名录。

（三）崇安贡茶

据《故宫贡茶图典》介绍：崇安（现武夷山市）贡茶有“武夷茶、松制、小种、岩顶花香茶、小种花香茶、工夫花香茶、岩顶小种、莲心尖茶、白毫、紫毫、君眉、雀舌、三味茶、乌龙茶”等品种。至民国年间，清室善后委员会清点“武彝茶”仍存二十余种，百余箱。清乾隆二十八年（1763）《茶禁碑》有“承办贡茶，务须遵照文定章程，星村茶行办理。其松制、小种二项”清晰记载。其制作工艺是：采（芽、一旗一枪、两旗一枪初展）、晾（萎凋）、炒、摊、揉、焙、拣剔、扬簸、复焙等九道工序。崇安古法炒青技艺精湛，是武夷茶发展的重要节点，史料证明崇安贡茶（武夷茶）代表了当时中国茶的最高水平，也是现在武夷岩茶制作工艺、正山小种红茶制作技艺的前身。

崇安贡茶制作技艺

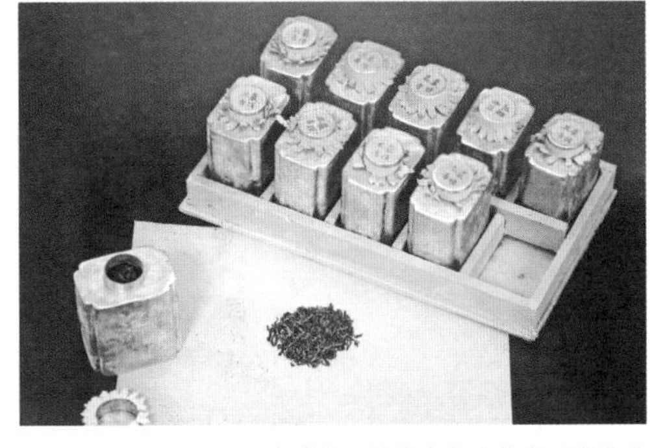

故宫博物院馆藏武夷贡茶岩顶花香茶

（四）武夷团茶

武夷山团茶自唐代形成，至宋代有了长足的发展。按古法制作的团茶“香久益清，味久益醇，性温不寒，久存不坏，色泽莹光”。茶叶通过装入布袋、水蒸软化、揉拧成圆饼形、入模压实、烘烤等步骤制作成。明洪武二十年（1387），明太祖朱元璋以“重劳民力”为由，罢造“龙团凤饼，”提倡用散茶“汲泉置鼎，一瀹便啜”的简洁茶风。团饼逐渐衰落，直至清嘉庆、道光后几近失传。近年来，武夷茶人通过反复实践，恢复这一濒临失传的技艺。现代制法主要以宋团茶制法为基础，采用采茶、拣茶、蒸茶、榨茶、研茶、造茶、过黄等工序，恢复了传统独创的工艺。

蒸青　倒筛

装包　压榨

捣汁　成型

焙茶饼　包茶饼

第四节 民间习俗·茶礼茶俗

茶俗是武夷山民间茶文化创意的表现形式，也是武夷山传统文化的积淀，它以茶事活动为中心贯穿于人们的生活中，并且在传统的基础上不断演变，成为人们文化生活的一部分。武夷茶俗名目众多，至今在有的乡村仍然保持着这些民俗礼仪，当地的一些茶艺馆也在将这些茶俗茶礼等演绎出来广为传播，形成了独特的茶文化。

（一）斗茶

武夷山斗茶，是评定茶叶品质高低的一种茶事活动。武夷山民间斗茶历史悠久，兴于唐，而盛于宋。至宋时，武夷山斗茶活动已蔚然成风，上至王公贵族，下至贩夫走卒，无不以此为乐。当时风行的斗茶又叫“茗战”，就是集中在一起比试茶的质量，比试煮茶、泡茶方法，比试器具等。既比茶汤色，也比味道，决出品第，评出高低。如今，斗茶赛依然是武夷山每年都会举办的盛事，比如武夷山市茶业局举办的春茶评比赛，武夷山市茶业同业公会主办的民间斗茶赛，武夷街道天心村举办的民间斗茶赛等，以及近年来进驻的龙头茶企业承办的一些茶王赛，都已成为当地的特色活动。当地的茶叶专家们根据审评的标准对参赛的茶样进行评分，同时也组织民间茶人进行品鉴评分，并

宋代民间茗战群像雕塑

武夷山民间斗茶赛专家审评现场

占据一定的总分比例，这对促进制茶工艺的提高起了积极和重要的作用。2017年开始，当地茶业部门结合了互联网络传播优势，举办了“互联网+武夷斗茶”活动，将此项源于民间，百姓喜闻乐见的文化活动向全国传播，极大增强了武夷斗茶活动的传播力和美誉度。

（二）喊山祭茶

中华民族是以农耕为主的民族，祈祷丰收的祭祀仪式古来有之。到了唐代，皇帝祭祀先农与亲耕的仪式已成为传统，各地都流行祭祀土地祈祷丰收的仪式，在武夷山等产茶区则是演变成了祈祷茶叶丰收的祭祀仪式。

武夷岩茶名闻天下，茶农对茶及茶山都充满了敬畏之心。早在唐代，徐夤就透过《尚书惠蜡面茶》诗中的句子 “武夷春暖月初圆，采摘新芽献地仙”，记录了武夷先人与茶相关的祭祀活动。到了宋代，“喊山”祭茶已基本成为惯例。北宋时期，在北苑贡茶园，由督造贡茶的官员与地方官员主持举行的每年茶山开采的惯例仪式即为“喊山祭祀”。元代，在武夷山专设御茶园，继承并发扬了这个祭祀仪式。元至顺三年（1332），在武夷山建御茶园，筑“台高五尺，方一丈六尺亭其上，环以栏楯，植以茶木”为祭祀之所。每年惊蛰日，御茶园官吏偕县丞等登临喊山台，祭祀茶神。元朝建宁路总管暗都剌在《喊山台记》写道“斯亭之成，斯祀之安，可以与武夷相为长久，俾修贡之典，永为成规”。董天工在《武夷山志》中记载了“喊山”仪式的祭文，即《茶场祭文》，正因为武夷御茶园对“喊山祭茶”仪式历代传承始终如一，使得武夷茶的喊山祭祀，成了当地茶农一年一度约定俗成、自发组织的仪式。

在传承和发展的过程中，为适应当今祭祀，茶农们逐步地对旧祭中的相关程序删繁就简，集中体现感恩上苍、祈盼丰收主题，形成现今的喊山祭茶仪式，举行仪式的时令选在每年惊蛰节气，基本程序如下：

开祭：司仪高唱，宣布武夷山祭茶仪式开始；

鸣炮：奏乐；

入场：主祭人手捧祭文文牍为首，传承人、茶人茶农等随后；

上香：主祭人点香三支，传承人、茶人茶农随后；

宣读祭文：主祭人手持文牍高声诵读祭文。

祭拜：一拜武夷山君，二拜武夷山神，三拜茶王“大红袍”

众人齐喊：“茶发芽，茶发芽！”

经过多年的传承，武夷山茶农们结合当地的时令气候和武夷茶树生长状况，也有茶区改在“谷雨”节气进行开山喊山仪式，程序基本相同，只是大家喊山时，则是高喊：“开山啰！采茶啰！”

俗语有“春雷响，万物长”之说，因此“喊山”对于促进茶芽生长来说，是有一定道理的。同时，这种喊山祭茶的文化现象，也是武夷山茶农为祈祷茶叶丰收所表现出的朴素情感，是茶农精神上的寄托，因而有其强大的“生命力”，持续不断，一直延续至今。

（三）红园摆茶

武夷山的“摆茶”习俗于元顺帝年间，由余姓族人迁“篾竹岭里”

摆茶

（今吴屯乡红园村一带）带入，已有六百多年历史。当地农村的妇女忙完家务之余，相互串门聊天，摆茶喝茶，其间配着茶水和农家小吃，消闲遣兴。婆媳之间、妯娌之间、邻里之间，家长里短，边喝边聊，谈笑间，便可排解公婆、叔伯、邻里、妯娌矛盾，久而久之形成一种独特的茶俗，也成为红园村妇女聚会话家常、有效化解邻里亲戚间日常矛盾的一种特有形式。由于“摆茶”俗不同于工夫茶，用碗不用杯，没有太多的繁文缛节，两三人即可入席，后来者随时加入。这种聚会由母带女、婆带媳而得以代代相承，是武夷山特有的民俗，对和谐人际关系起到很好的实际效果。

（四）擂茶

武夷山有的村镇流行着一种“喝擂茶”的习俗。擂茶是农家招待客人必备的饮料，制作春季擂茶的主要原料是以“老茶婆”（隔年的老茶青叶子）、大米、橘皮为主，讲究的还放入适量的中药，如茵陈、甘草、川芎、肉桂、老姜，喝起来口感香甜，特别暖胃；而做夏季擂茶时，还会添加些清凉中药，如薄荷、鱼腥草、车前草、甘草、紫苏等等，清凉解暑。在喝擂茶的同时，还备有佐茶的食品，如花生、瓜子、炒黄豆、爆米花、笋干、南瓜干、咸菜，具有浓厚的武夷乡土气息。如今，擂茶不仅是民间很流行的一味医食同源的药茶饮食（有祛寒湿、御风寒等功效），更是成了招待客人的乡土美食。

（五）三道茶

“三道茶”是武夷山人根据饮茶习俗结合待客之礼，而发展起来的一种饮茶方式（现在一般适用于茶馆）。“三道茶”包括“迎宾茶”“留客茶”“祝福茶”。

“迎宴茶”是为远道而来的客人送上的第一盏茶，并配有茶点。茶点是具有武夷山区特色的米焦、芝麻果、咸笋干、芋果等。香醇的茶和甜美的茶点，表示欢迎客人的到来。“留客茶”是让客人既能看到泡茶的技巧又能品尝到茶的色、香、味。一边品茶，一边交谈，无拘无束，其乐无比。“祝福茶”在客人即将告辞时，送上一杯桂花金橘茶，并送上祝福吉言，寓示富贵吉祥、主客友谊长存。

（六）婚茶

婚茶习俗在武夷山源远流长。宋代，“茶礼”由原来女子结婚的嫁妆礼品演变为男子向女子求婚的聘礼。至元明时，“茶礼”几乎为婚姻的代名词，女子受聘茶礼称“吃茶”，姑娘受人家茶礼便寓意婚姻合乎道德。武夷山民间有“好女不吃两家茶”之说，因此在男方给女方下聘订婚的礼物中，茶是缺一不可的礼品之一。婚茶的外在形式并不奇特，只是赋予了新婚女子孝敬公婆、怜爱丈夫的家礼色彩。在百姓的“柴米油盐酱醋茶”开门七件事中，只有茶能承载着更多的礼仪文化。除了新婚女子给公婆夫婿姑嫂妯娌等家族亲人敬献茶礼外，也得给亲朋好友敬献茶礼，这与程朱理学的文化有关联，与儒家的伦理家风也有影响。婚茶至今还在影响着当地民间百姓的生活，武夷山一些地区还把订婚、结婚称为受茶、吃茶，把订婚的定金称作茶金，结婚仪式中还有交杯茶、和合茶，或向双方父母敬献的谢恩茶、认亲茶等。

第五节 传统技艺·建盏

在宋代，由于点茶文化的兴起，点茶的核心器具“盏”大受追捧。宋徽宗在《大观茶论》的二十个篇章中，曾以专门的篇幅详细记述了在当时广泛适用于斗茶的茶器“盏”，而盏的发源亦在当时的建州（今建阳、建瓯、武夷山一带），称之为“建盏”。制作建盏的建窑系包括了水吉窑、茶洋窑、遇林亭窑等。

（一）建盏器型

建盏多是口大底小，有的形如漏斗；多为圈足且圈足较浅，造型古朴浑厚，手感普遍较沉。按照器型来分，可分为敞口、撇口、敛口和束口四大类。

敞口盏

撇口盏

敛口盏

束口盏

（1）**敞口盏：**口沿外撇，尖圆唇，腹壁斜直或微弧，腹较浅，腹下内收，浅圈足。形如漏斗状，俗称“斗笠碗”。

（2）**撇口盏：**口沿外撇，唇沿稍有曲折，斜腹，浅圈足。

（3）**敛口盏：**口沿微向内收敛，斜弧腹；矮圈足，挖足浅；造型较丰满。

（4）**束口盏：**撇沿束口，腹微弧，腹下内收，浅圈足，口沿以下1~1.5厘米左右向内束成一圈浅显的凹槽，俗称“注水线”。为建盏中最具代表性的品种。

（二）建盏釉色

按照纹饰来分，建盏主要的釉色大致可分为五类：黑釉（乌金釉）、兔毫釉、鹧鸪斑釉（油滴釉）、曜变釉和杂色釉。

黑釉

（1）**黑釉：**即纯黑釉，表面无斑纹，是建窑较经典的釉色。也称为“绀黑釉”或“乌金釉”。

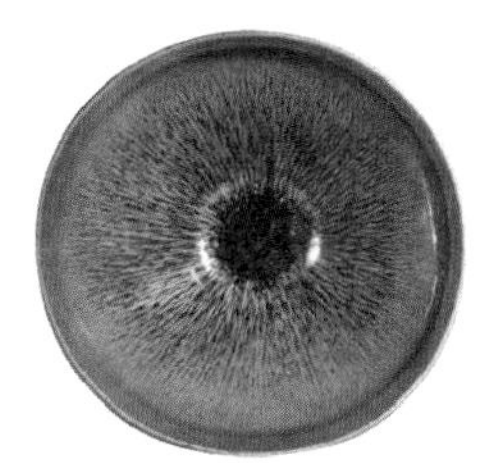
兔毫

（2）**兔毫：**是建窑最为典型且产量最大的产品，即黑色的底釉中析出一根根细密的丝状条纹，形如兔子身上的毫毛。

（3）**鹧鸪斑：**也称为油滴釉，鹧鸪斑的斑点大小不一，形状一般为圆形或椭圆形，呈银色、银灰、黄色等，分布或密集或疏松，如水面上漂浮的油滴，故日本将其形象地称为“油滴”。

鹧鸪斑建盏（宋）
日本静嘉堂文库美术馆藏

（4）**曜变：**与“油滴”一样，“曜变”一词亦来自日本。曜变盏内外，黑色釉面上呈现大小不等的圆形或近似圆形的斑点，几个或几十个不均匀地聚在一起，经光线照耀，斑点的周围有炫目的晕彩变幻，呈现蓝、紫红、金黄等色，璀璨相映，珠光闪烁，属建窑珍品。

曜变盏

（5）建盏杂色釉主要有：柿红釉、茶叶末釉、酱釉、青釉、龟裂纹釉、灰皮釉、灰白釉、酱釉。

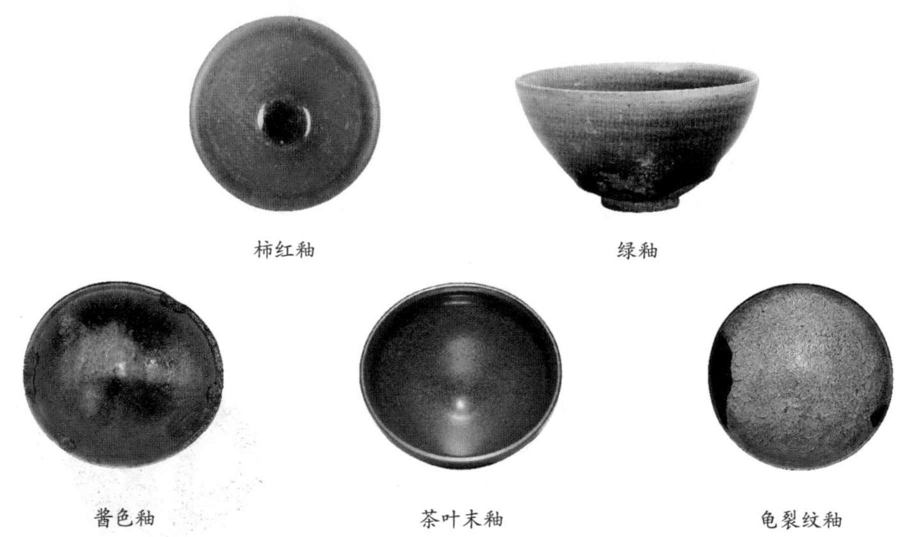

柿红釉　绿釉

酱色釉　茶叶末釉　龟裂纹釉

建盏杂色釉中的龟裂纹釉、灰皮釉、灰白釉等，都是火候不够高的次品（生烧或半生烧品）。

（三）武夷山遇林亭黑釉描金盏

武夷山遇林亭窑是建窑系的一个重要组成部分。位于武夷山南麓，九曲溪北岸，窑址总面积6万平方米，在长2000米，宽800米的范围内，依山建有9座龙窑。其中，二号龙窑长达113米，是迄今全国已发现最长的龙窑之一。

遇林亭窑主要特色就是“黑釉金彩盏”。它是在传统建盏烧制的基础上，在高温1300度烧成之后，再在上面描金、描银，并进行第二次烧成。这样的工序更繁琐，要求制造者有较高的手绘能力，且由于金、银的特殊材质，对瓷器也有一定的要求，如在建盏内绘图，注入茶汤后，可达到锦上添花的艺术视觉。这种工艺我们现在称之为“釉上彩”，釉上彩的工艺在800多年前的宋代是非常少见的。武夷山遇林亭窑在宋代的时候就已经大批量生产这种釉上彩，可以说是开启了中国陶瓷史上大量生产釉上彩器皿的先河。

目前发掘的遇林亭窑黑釉金彩茶盏中，有的题有“寿山福海”“金玉满堂”“九曲棹歌”等吉祥文字及诗词，有的饰有凤凰、花卉、武夷山水、亭台楼阁等图案，明暗相衬，尤显精美。现代手艺人在传承传统工艺的基础上，融入了茶友们喜闻乐见的图案元素，使这项传统的工艺更加融入生活和现代的茶事活动。

宋·“寿山福海”纹遇林亭窑黑釉金彩盏

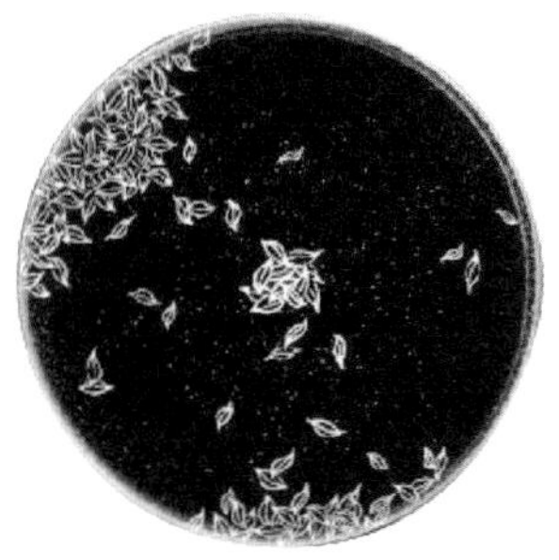
现代·茶叶纹黑釉描金盏

附：遇林亭的来历

遇林亭窑址

遇林亭，原名“四丘田”。相传，北宋末年，完颜氏的铁蹄蹂躏着中原大地，仕庶纷纷衣冠南渡。一天，晴朗的天空忽然山雨横至，人们纷纷来到驿道旁的路亭躲雨。恰巧，他们中一位是河南的烧窑名师，正携家带口，逃荒路过此地。一位是建州水吉窑的制陶师傅，因找寻瓷土原料来到这里。一位是当地人，也就是“四丘田”山场主人。更巧的是，三位竟然都是姓林同宗。雨停了，三人各有所长，一拍即合，决定在此兴建窑场。在以后的日子里，他们生产的黑釉瓷盏不仅远近闻名，而且还远销国外。后来，乡人为纪念这三位林姓朋友的偶遇，便将他们当初相聚的路亭称为“遇林亭”。

第六章 突出的品牌价值

武夷茶历史悠久，文化底蕴深厚，在茶史、制茶科技史、茶叶贸易、名茶等文化方面，具有独特的地位与影响力，在品牌价值方面亦有着强大的优势。

第一节 一叶武夷茶 半部世界史

明末清初，武夷山茶人引进松萝茶制法后，再结合当地的实际情况，不断革新改良，创制出了乌龙茶和红茶。特别是小种红茶在桐木关问世后，武夷茶开始大量走出国门，走向世界。

（一）七下西洋 走出国门

1405年至1431年，在郑和七次下西洋的贸易中，丝绸、瓷器、茶叶扮演着重要角色。尤其是茶叶，被郑和的船队带进了亚、非、欧等国，影响着国人的生活方式。

明太祖朱元璋在位时，有感于茶农的不堪重负和团饼贡茶的制作、品饮的繁琐，下诏“罢造龙团”改制散茶，“听茶户惟采芽以进，有司勿与。”根据《明史·食货志》载，明太祖时（1368~1398），建宁贡茶1600余斤，到隆庆（1567~1572）初，增到2300斤。郑和每次下西洋，都要带上大量的贡茶作为礼品送给所到诸国，或和瓷器、丝绸一样作为与外国进行贸易交换的主要物产。郑和的船队有2万多船员，其中有不少来自福建沿海，自古以来就有饮茶、品茶的习惯。英语“茶”的单词，写成“Tea”，就是根据中国福建方言“茶”字音译的。有些下西洋的福建人后来就留在东南亚，成为明朝以后的第一代福建华侨。他们把中国饮茶的习惯和种茶、泡茶的技艺带到了各国，把中国的“茶文化”传播到海外，至今影响着海外的饮茶风尚。

（二）始入欧洲 风靡宫廷

武夷茶产区是中国最早进入欧洲茶叶市场的茶区，1607年荷兰东印度公司把武夷茶带入欧洲，1610年，武夷茶已远销至荷兰，1640年销往英国。

清代武夷星村码头运茶场景

1662年英王查理二世娶葡萄牙公主凯瑟琳为妻，带去嫁妆武夷茶叶，饮茶之风由凯瑟琳公主传入英宫廷。经过300多年的发展，形成了优雅的下午茶文化，并已经深入到英国的朝野上下，随之在全世界传播。18世纪武夷茶进入美洲。当时的欧美把武夷茶作为中国茶的总称。当时英国民谣这样唱道："当时钟敲响四下时，世上的一切瞬间为茶而停。"拜伦等许多欧洲大作家的作品中都描写过武夷茶。拜伦在《唐璜》中写道："我觉得我的心儿变得那么富于同情，我一定要去求助于武夷茶；真可惜，酒却是那么的有害，因为茶和咖啡使我们更为严肃。"

饮茶生活方式的普及，使英国获取巨大的经济利益。茶叶的税收占到了英国国库收入的1/10。茶叶丰厚的贸易利益还引起了两次英荷战争和美国的独立战争。中国和美国的贸易往来，最初也是从茶叶贸易开始的，许多美国商人因为经销中国茶叶而获巨利成为富豪。随着外销的不断增加，种茶有利可图。

（三）南北茶路 缔造传奇

历史上武夷山形成了海上茶叶之路和陆路茶叶之路。清闽浙总督卞宝第记载武夷山"自各国通商之初，番舶云集，商民偶沾其利遂至争相幕效，漫山遍野，逾种逾多"，星村、下梅成为茶市中心，星村因九曲溪水运发达，还建有雄伟的天后宫，全盛时"商贾云集，穷岸僻经，人迹络绎，哄然成市矣"，1751年前后崇安输出茶叶已达10万担以上，值银200万两。下梅邹元老在清乾隆十九年（1754）获茶利百万，"在下梅购地建宅七十多栋，所居成市"。1838年广州出口的武夷茶30万担1.5万吨，红茶占24万担。最鼎盛的1880年福州港出口茶叶74万担，其中武夷红茶和工夫红茶共出口63万担。其时，茶叶贸易的发展使白银源源流入中国，估算18世纪从欧美运往中国的白银约1.7亿两。白银大量流入中国，在中国还一度造成“茶贵银贱”。

随着郑和下西洋的传播以及西方航海业的高度发展，西方殖民者很快就闻到中国的茶香。从1607年开始，以掠夺各地资源为主要任务的荷兰东印度公司开始从澳门收购武夷等地茶叶，经爪哇输往欧洲试销。1644年，英国人在厦门设立贸易办事处运销武夷茶。1689年英国首次从厦门港直接进口武夷红茶。自此以后，逐步形成武夷山经福州到厦门的东南茶叶之路。西方人根据闽南方言的口音把武夷茶翻译为“Bohea”，和瓷器一样，当时的武夷茶成为西方人认识中国的另一个符号。短短的几十年间，武夷茶风靡欧洲上流社会。武夷茶被争宠的程度丝毫不亚于北宋时期的“龙团风饼”，并被冠以“中国茶”的雅称。

西方对武夷茶的狂热追逐，为许多商贩创造了良机。清雍正五年（1727）中俄《恰克图界约》确定恰克图为两国商人贸易地点后，武夷茶开始大踏步走出幽深的壑谷，穿越万水千山，走向俄国宫廷和欧洲大陆。一批嗅觉灵敏的山西商人，从武夷山茶区采购茶叶，为了运输方便，就地加工成茶砖，从武夷山出发，“越分水关，出九江，经山西……转至库伦（今乌兰巴托），北行达恰克图”（引自《清代的茶叶商路》）。俄商再贩运至伊尔库茨克、乌拉尔、秋明，直至遥远的圣彼得堡和莫斯科。据《山西外贸志》载，在这条商路上挑夫、货船、车队、马帮、驼铃络绎不绝，绵延万里，蔚为壮观，成为一条可与“丝绸之路”相提并论的国际商道，史称“万里茶路”。

清乾隆二十二年（1757），清朝实行第二次海禁，关闭厦门等港口，只准许广州一个口岸对外通商，武夷茶开始改从广州出境，逐步形成武夷山至江西铅山河口，经鄱阳湖、赣州到广州，长达1500余千米的“南方茶叶之路”。以武夷茶为主的中国茶叶和纺织品共同孕育出了举世闻名的商帮——广州十三行。当时闽籍商人潘振承、伍秉鉴等人率先从武夷山贩卖茶叶，在广州分别成立了“同文行”“怡和行”，长期与东印度公司从事茶叶与纺织品的出口贸易。为了能保证茶叶的品质和供应量，以潘氏、伍氏为代表的“十三行”商人纷纷在武夷山租购大量的茶山，建茶厂，有的在武夷山茶叶集散地赤石、星村开茶庄向茶农收茶。

在当时的欧洲，只要贴有潘氏“同文行”“同孚行”字样的茶叶就是品质的象征，可以卖出高价。武夷茶是中国茶的代称，占据欧洲茶叶市场的半壁江山。

1984年，瑞典海域打捞起了东印度公司1745年的“歌德堡号”沉船，60多万件瓷器，370吨茶叶以及大批丝绸浮出海面。这批被打捞起来的茶叶中，有武夷红茶、贡熙茶、松萝茶等。人们惊奇地发现，锡罐封装严密的未受水浸变质的武夷红茶，至今仍然可以冲饮。

（四）东西“征战”影响世界

中国的茶叶和纺织品大量销往欧洲，造成了极大的贸易顺差。为了扭转这个局势，西方列强只好以鸦片输入中国来掠回黄金白银。同时也滋长了他们殖民世界的野心。茶与鸦片针锋相对的矛盾背后是国家、民族利益的矛盾，最终导致了鸦片战争的爆发。在1842年《南京条约》的谈判中，英方坚持声称“贩卖茶叶，以福州为便，务求准予通商”。道光皇帝对福州的战略价值极为重视，绝不开放。最后英方以开放天津为威胁，“不如所请，即行开仗”，道光皇帝不得不妥协。此后，正如《武夷山志》所述：英人“福州既得，茶禁大开，将来入武夷山中，不啻探囊拾芥”。茶叶自武夷山运至福州仅需4~8天，而运至广州则需大约60天的时间，从此西方商人加速了武夷茶的贩运。《中国茶经》记载：“英国当局规定每船必须载满1/7武夷茶方可回国入口。”此后，许多西方茶商和生物工作者开始从福州溯闽江长驱直入武夷山，有的直接进入武夷茶产区收购茶叶，或以传教、生物科考为幌子考察武夷茶的生长环境，窃取武夷茶的培植与制作技艺。武夷岩茶北山片核心产区内的慧苑寺曾经挂着“英商洋行”的招牌，是外国茶商收购武夷茶的根据地，至今还保留着外国茶商装“大洋”的木箱。

波士顿倾茶事件

随着英国殖民者的坚船利炮，当时号称“世界货物总调度”的东印度公司把武夷茶送到各殖民地，以垄断而牟取暴利。在北美，被称为“中国茶”的武夷茶成为时尚的饮品。英国会通过了《茶叶税法》，以中国武夷茶叶向北美殖民地征收高额茶税。为了逃税，许多地方出现了走私武夷茶的现象。英国殖民当局为维护东印度公司的权益，允许该公司低价倾销茶叶，而对其他商家、买家则高额收税，由此遭到当地人民的奋力反抗。他们成立“茶党”，反对茶税，拒购茶叶，经常举行集会与示威活动。1773年12月16日，波士顿茶党打扮成印第安人，手持短斧，分三组登上了东印度公司的3艘茶叶船，打开船舱，劈开木箱，把船上载有的瓷器和漆器精装密封的武夷茶叶倒入海里，3个小时内，船上价值18000英镑的342箱茶叶全部倒入大西洋。这一著名的“波士顿倾茶事件”是北美殖民地人民对英国殖民暴政的反抗，成了北美独立战争的导火索。

（五）南下印度 香飘全球

继林则徐后，许多爱国志士强烈抵抗外国人的侵略和殖民统治。列强见无法完全控制中国的茶叶货源，同时也为了降低运输成本，便开始专事研究把武夷茶引种到其殖民地印度的可能性。为此，印度总督本廷克组织成立茶叶委员会，并分别派该组织秘书戈登和园艺学家福伯特·福琼于1834年、1849年潜入武夷山，采集茶籽偷运往印度。武夷茶在印度大吉岭、阿萨姆等地育种试种，并获得成功。1838年，印度殖民政府又私自聘请武夷茶师带去武夷红茶的制作工艺，制出了第一批成品茶（8箱）运至伦敦，英国朝野为之轰动。在英国对印度殖民统治期间，武夷茶在印度被大量推广种植，成为印度重要的产业，致使这个本不产茶的国家成为世界上第一大茶叶出口国。武夷茶因此香飘全球，造福世界。

（六）东渡台海 缘续两岸

清咸丰五年（1855），先辈移居台南、祖籍福建龙溪的林凤池来闽考试，中举后，龙溪宗亲带领他到武夷山游览。林凤池对武夷岩茶钦羡不已，于是想携带武夷茶苗回报乡亲林三显的资助学业之恩。时任天心永乐禅寺的老方丈如疾法师也是来自龙溪，感念于乡情与林凤池的感恩之心，便赠送武夷“青心乌龙”茶苗36株，嘱咐说：“此为武夷乌龙茶佳种，希细心培育，如能分栽广植，则子孙享用不尽。”林凤池携苗而归，引种成功，并逐渐被移苗广植，成为今日的冻顶名茶。武夷茶不但是台湾名茶冻顶乌龙的“祖先”，也是海峡两岸血肉一家的有力见证。2007年9月19日在首届武夷山禅茶文化节上，台湾冻顶茶代表前来武夷山与大红袍再续前缘，把冻顶茶回植大红袍祖庭天心永乐禅寺，上千人共同见证了这一段150年的旷世茶缘。

另据1918年台湾学者连横编修的《台湾通史》载：台湾产茶近百年，清嘉庆十五年（1810）有台湾青年柯朝，到大陆归自福建，始以武夷之茶植于鲽鱼坑，发展甚佳，即以茶籽二斗播之，收成亦丰，遂互为传植。

第二节 乌龙茶和红茶发源地

作为世界文化、自然遗产的武夷山，不仅山水钟灵、人文荟萃，茶文化也博大精深、独树一帜，在中华茶文化史中占有重要的地位，是世界乌龙茶和红茶的发源地。

（一）乌龙茶发源地

历史上武夷茶的制作技艺长期处于领先地位，唐代以研膏蜡面而扬名，宋元以龙凤团茶而至尊，明清以岩茶、红茶而著世。特别是武夷岩茶制作技艺，开茶叶发酵技术之先河，为化解茶的苦涩、提高茶的香气和滋味找到了完美方案，为茶叶进一步造福人类开创了新方式，诚如当代茶学专家陈椽所言："武夷岩茶创制技术独一无二，为世界最先进技术，无与伦比，值得中国劳动人民雄视世界。"

1.记载武夷茶的《茶说》是最早的乌龙茶文献

早在清康熙五十六年（1717），布衣文士王草堂就在《茶说》一文中记载：

> 茶采后，以竹筐匀铺，架于风日中，名曰晒青。俟其青色渐收，然后再加炒焙。阳羡、岕片只蒸不炒，火焙以成。松萝、龙井皆炒而不焙，故其色纯。独武夷炒焙兼施，烹出之时半青半红，青者乃炒色，红者乃焙色也。茶采而摊，摊而摝，香气发越即炒，过时不及皆不可。既炒既焙，复拣去其中老叶枝蒂，使之一色。

乌龙茶独特的"做青"工序，被王草堂以"茶采而摊，摊而摝，香气发越即炒，过时不及皆不可"等文字翔实地记录了下来。这里面的"摊"就是萎凋，"摝"就是摇，也即摇青，"香气发越即炒"说明"摊"与"摝"是一个循环过程，直到"香气发越"方可，同时准确道出了做青程

度把控的重要，即“过时不及皆不可”。

此文被康熙年间在崇安县（1989年改名武夷山市）为令的陆廷灿于清雍正十二年（1734）编入其所著《续茶经》，该书后又被收录《四库全书》。文献记载的萎凋、做青、半发酵、炒青到烘焙、拣剔等工序，和今天乌龙茶制法完全一致。

2.乌龙茶起源于武夷山的缘由

乌龙茶的制作工艺为何会起源于武夷山？当地的茶叶专家经考证认为，当是从散茶及松萝茶制作工艺演化而来的。

明洪武年间，朝廷颁令罢龙团，改制散茶，后发展为炒青绿茶。其制作工艺较之团、饼茶有了大简化，只要经过杀青—揉捻—干燥，主要工序在杀青，即将茶叶放入锅热炒，用以蒸发水分，破坏酶的活性，产生香气，保持茶叶自然真味。清顺治七至十年（1650～1653）在崇安为令的殷应寅，招黄山僧来制松萝茶，它工艺讲究，故较一般炒青绿茶香高味浓，遂仿之。周亮工在《闽小纪》中有记载：此茶“经旬月，则赤紫如故”。意思是，这种茶说它是红茶，又经炒青；说它是乌龙茶，又没做青。当属为部分发酵之茶。是当地茶人根据现实情况，摸索进行萎凋做青方法，目

挑青

的是使茶青叶片部分发酵，后炒焙之，主要是没经过均匀晒青，反复做青"走水"，又未经炭火足焙，自然会变红、发紫。僧道茶师们便改弦更张，采用半发酵法制作武夷茶，这是经过较长时间的探索和实验，才得以制出乌龙茶。

姚月明等茶叶专家和当地茶人认为：区别于丘陵地带，武夷山中茶山分布于峰岩之中，较为分散，且离茶厂较远，茶采摘后，受到太阳晒，则如晒青；采茶时要各山跑动，茶青在茶篮中抖动、摩擦，有如做青。这样必然会使部分鲜叶变软、红边，大晴天更为严重。

由于有了这种正确的开端，尔后经过长期的逐步完善为：倒（雨天则烘）、摇、抖、撞、晾、围、堆等做青手法，并据情况"看青做青"、"看天做青"，力求水分挥发恰好，叶片发酵适度，香气发越即炒、揉、焙之，便在18世纪初形成了完整的乌龙茶制作工艺。

3.武夷乌龙茶制作技艺被仿造而传播到各地

由于乌龙茶兼具清芬甘醇，一经创制则备受世人赞赏。17~19世纪各地仿造武夷茶，乌龙茶制作技艺由此传播到各地。生活在乾隆、嘉庆年间的福州人郑杰在《武夷茶考略》中记载："外山茶，近在数十里，远在数百里矣，其伪者则延、建、福、兴、泉各郡皆有土产，至江西隔省亦伪制，过岭混售，所谓愈降愈下也。"这说明近如几十上百千米的延平、建宁（闽北各县），远如数百千米外的福州、兴化（莆田）、泉州，乃至江西都仿造武夷茶，并混迹武夷茶之中销售，这些产地自然学会了武夷茶的制作方法。清康熙四十五年（1708）崇安县令王梓在《茶说》中记录了这个现象："邻邑近多栽植，运至星村墟贾售，皆假充武夷。更有安溪所产，尤为不堪，或品尝其味不甚贵重者，皆以假乱真误之也。"可见早在18世纪初，武夷岩茶制作技艺就传入了安溪。同安籍在武僧人释超全（阮旻锡）的《安溪茶歌》完整记载了这个史实：

> 迩来武夷漳人制，紫白二毫粟粒芽。西洋番舶岁来买，王钱不论凭官牙。溪茶遂仿岩茶样，先炒后焙不争差。真伪混杂人瞆瞆，世道如此良可嗟。

"先炒后焙"正是乌龙茶特有的工艺；"不争差"，说明安溪仿造武夷茶非常成功，真假难辨。

此外，乌龙茶工艺还传到了闽东连江、屏南等地，均有文献资料可考证。后来乌龙茶制作技艺又从闽南传到了潮汕和台湾地区，逐步形成了闽北乌龙、闽南乌龙、广东乌龙、台湾乌龙等四大乌龙茶产区。

塞缪尔·鲍尔在《中国茶叶种植与生产概况》记载：

从古至今，中国人都一致认为，只有武夷山出产味道最好的乌茶。此外，他们还确认，只有在这些山的中部，也就是中国人称为“内山”的地方，出产味道最好的茶。

4.闽南人参与了乌龙茶制作工艺的创研

乌龙茶制作工艺的形成，闽南人起了一定的作用。他们入山制茶途径有二：一是风景秀丽，且远离都市的武夷山，历来就是隐者、释家的向往胜地。吸引着福建闽南的一些明代遗民入山隐居，当地“县志”和“山志”载：“……百二十里山中大小寺庵院有五十多处，几乎无山不庵，山僧多为闽南人……”另外，据《铅山县志》载：“其处（指铅山县）向为福建人迁徙移居之地，明、清两代福建移至此的移民，其中与铅山县邻近的南部为多。迁入者多为泉、漳、汀州。”有些由于搞不清原籍州、县者，只标明“下四府”， 武夷茶的主要产区的制茶师，大多聘自江西河口。这些“下府人”之移民与在武夷山的闽南茶商、僧人语言相通，自然优先被雇用，有的还被聘到武夷山当包头、茶师。久而久之，一些人便在武夷山安家，至今武夷天心岩茶村村民大多为闽南人后裔。闽南僧人、茶商、闽南人后裔与当地山民为共同创制、发展武夷岩茶做出了贡献，这是应当肯定的。由于闽南人参与了乌龙茶制作工艺的创研，这也成了乌龙茶起源于闽南的说法依据之一。但我们所探究的乌龙茶起源，说的是工艺和创制地点，而并非指茶树的品种，以及制作人的籍贯地。

（二）红茶制作技艺源于武夷茶

今天六大茶类中乌龙茶和红茶最根本的区别在于发酵程度，半发酵的为乌龙茶，全发酵的为红茶。王草堂《茶说》有一句暗示红茶工艺衍生于乌龙茶的话：“茶采而摊（萎凋），摊而摝（做青），香气发越即炒（炒青），过时、不及皆不可（适度发酵）。”乌龙茶制作过程最重要的是对做青程度的控制，文中的“过时”即发酵过头了，其实就变成了今天六大茶类中的红茶。

针对这种可能性，茶专家倪郑重在《乌龙茶的历史》文中做了分析：

1732年崇安县令刘埥在《片刻余闲集》记载：凡岩茶皆各岩采摘焙制，远近贾客于九曲内各寺庙购觅，市中无售者。本省邵武、江西广信等处所产之茶，黑色红汤，土名江西乌，皆私售于星村各行。这是武夷邻县产区仿制武夷岩茶，由于做青不当，导致发酵过度，形成“黑色红汤”。它是乌龙茶采制工艺演变成为红茶的另一佐证。

17至19世纪，武夷茶受西方国家热捧，荷、英等国大量贩运武夷茶。据塞缪尔·鲍尔《中国茶叶种植与生产概况》记载：“在英国进口的茶叶中，红茶（Black Tea）占了十分之八。”17、18世纪武夷茶中岩茶（乌龙茶）和红茶在制法上尚未明确区分，但干茶都呈乌黑色，也被称为乌茶（Black Tea）；但乌茶的茶汤又都呈红色，又被翻译成“红茶”。“在18世纪早期，武夷茶（Bohea）这个词被普遍用来指代所有的红茶（Black Tea）。”说明当时武夷茶约等于红茶被英国普遍接受；各地仿冒武夷茶是公开的秘密，而且产量巨大。各地仿造武夷茶的过程也是武夷茶（乌龙茶和红茶）制作技艺传播到国内外各地的过程。因此，武夷茶是红茶（Black Tea）的始祖。

庄晚芳在《中国茶史散论·乌龙茶史话》同样明确记载了红茶源于武夷茶（乌龙茶）制作工艺：

红茶是继乌龙茶或绿茶出现的一种全发酵的茶类，是由于乌龙茶畅销，简化加工工序演变而成的。出口时仍冒称工夫茶（Gongou）或称Black Tea等。

对于小种红茶的形成，庄晚芳在《乌龙茶名考及其演变》中也做了考证：

由于五口通商后，茶叶供不应求，茶商到产地仿制武夷乌龙茶，采用红边茶的制法，取消了炒的过程，加强日晒和揉捻，减少工序，降低成本，以求获利，市场上便出现了“工夫小种”“工夫茶”或“乌茶”等品名和唛头，工夫小种本是武夷岩茶的一种花色品种，后来演变成工夫和小种二种花色，加工工序也略有差异。

1989年，当代“茶圣”吴觉农在与武夷山茶农的信件中提到：

红茶过去亦称为“工夫茶”，从采摘起，到发酵、干燥止，要很多工夫……它的主要做法从芽、叶、梗要经过萎、酵和干燥，并且还要分筛等许多工夫……主要的目的除发香外，还要重现红的颜色，烟熏茶还要经过烟熏。

经过数十年的传播和发展，工夫红茶制作工艺传遍了全国各地，逐渐形成了闽红（政和工夫、白琳工夫、坦洋工夫）、祁红、宁红、河红、宜红、英红、滇红等，全国各地的红茶前面都冠以“工夫”二字，为红茶脱胎于武夷茶中的工夫茶留下了有力证据。

1.印度红茶制作技艺源于武夷茶

1835年《中国丛报》刊载戈登《茶山考察备忘录》文章，记述了1834年11月英国人戈登潜入福建茶区，并购得8万颗武夷茶种子的经过；同期杂志还刊载了广州港海员牧师史蒂文斯的文章《武夷山探险》，记述了1835年5月，他和戈登潜入闽江，计划溯江北上武夷山，窃取武夷茶茶种和茶叶情报，中途被清兵驱赶返航的探险经历，并详细记载了这些中国茶师所传授的武夷茶制作技艺：

> 萎凋—做青（摇青）—发酵—炒青—揉捻—复炒—复揉—烘干—筛分—烘焙，该工艺流程、产品分类与武夷岩茶传统制作技艺完全一致。书中还记载这些中国茶师自称来自“江西”，走水路到广州大约需要40天，从著名的茶乡“武夷山”过去需要两天的路程。当时移居江西的闽南人是武夷茶的主要制作者，与史实吻合。该书公开出版，把武夷茶制作技艺公之于众，加速了它的传播。从十九世纪印度开始种茶后，所采用的加工方法，是从武夷乌龙加工方法引进的，亦可以证明乌龙茶是印、锡红茶加工的始祖。

《两访中国茶乡》插图

庄晚芳的《乌龙茶名考及其演变》也有相关记载：

> 1834年印度从我国引进茶子试种成功后，一开始便应用我国乌龙茶的制法。据美人乌克斯所著《茶叶全书》制茶机器发展一章中描述了印度最早的制茶方法，即是将鲜叶摊于竹编上，厚约五六寸，置空气流通处，约六小时倾入筐中，用手搅拌称为“做青”，后入锅炒，炒后用手揉，再入锅中炒，再揉再炒，经一次重复，最后用竹笼焙干。这与福建的乌龙茶制法完全一致。

1872年爱德华·曼尼在印度倡导制茶技艺改革，他在《印度茶叶种植与生产概况》记载了制茶工艺改革的试验过程，他把12道复杂的制茶工艺简化为5道，所费时间从3天缩短为2天，成功地把乌龙茶工艺简化成了红茶工艺。说明在19世纪末印度的红茶制作工艺正式从武夷茶（乌龙茶）工艺中分离出来。

以上史实，进一步奠定了武夷茶“世界红茶鼻祖”的地位。

2.古今中外的红茶分类与命名都与武夷茶有关

17-19世纪，中国出口的茶叶分红茶、绿茶两大类，其中红茶（Black Tea）主要分为Pokoe（白毫）、Congou（工夫）、Souchong（小种）、Bohea（武夷）四类。《1742～1794年荷兰东印度公司从广州采购的茶叶》清单显示，武夷茶的比例最大，其次是工夫，再次是小种，比例最小的是白毫；购买价格却恰恰相反，白毫价最高，武夷价最低。这种以武夷茶为模型的红茶分类和命名方式一直影响国际红茶的分等定级。如印度红茶，主要分为全叶茶（Leaf）和碎叶茶（Broken），全叶的又分为OP（Orange Pekoe）——橙黄白毫（芽尖往下第一叶）、P（Pekoe）——白毫（芽尖往下第二叶）、PS（Pekoe Souchong）——白毫小种（芽尖往下第三叶）、S（Souchong）——小种（芽尖往下第四叶）、FOP（Flowery Orange Pekoe）——花橙白毫（泛指以Tip和OP的部位制成的全叶茶）；碎叶茶同样分为BP（Broken Pekoe）——白毫碎叶、BPS（Broken Pekoe Souchong）——小种碎叶、BOP（Broken Orange Pekoe）——橙黄白毫碎叶等。可见，印度红茶的分类至今延续武夷茶的分类方式。

2012年《中华人民共和国国家标准红茶》（GB/T13738）中红茶分为红碎茶、工夫红茶、小种红茶三大类，其中工夫红茶、小种红茶都沿用了古代武夷茶品名，说明这两种红茶的制作工艺源于武夷茶。

说明无论国内还是国际的红茶都有武夷茶的“基因”，也进一步证明了武夷茶乃世界红茶之鼻祖。

（三）茶界专家普遍认定武夷山为乌龙茶、红茶发源地

“武夷山为乌龙茶、红茶发源地”的观点在茶学界早有定论，从20世纪70年代开始，在诸多茶叶专家的茶学论著中可以找到相关论述。

1.茶叶泰斗张天福在多篇论文中提到武夷山是乌龙茶、红茶发源地。他在《福建茶史考》（《茶叶科学简报》，1978年第2期）中记载：

> 乌龙茶继绿茶之后，为半发酵茶，约始于16世纪，产地由武夷传到建瓯、安溪各地，并传入台湾，至16世纪已有对外贸易……红茶继乌龙茶之后，为全发酵茶。约始于18世纪。开始发明的是正山小种（亦称星村小种）的制法，是世界著名红茶之一，产地在武夷山范围内，故在国外有的也统称为武夷茶。

他在《乌龙茶与健康》（原载《茶叶与健康文化学术研究会论文集》，1983年）中提到：

> 乌龙茶是世界三大茶类之一，起源于福建崇安武夷山。

在《茶树品种与制茶工艺对乌龙茶品质风格的影响》（原载《福建茶叶》，1994年第3期）中提到：

> 我国的乌龙茶最早起源于武夷山，尔后传至闽南的安溪县，再传到广东和台湾二省。

2.陈宗懋院士主编的《中国茶经》（上海文化出版社，1992年）认为：

> 王草堂的《茶说》是对乌龙茶制造工艺最早的文字记载，乌龙茶文献之宗。有力证明了武夷茶为乌龙茶之宗。
>
> ……（红茶）始源于福建崇安（今武夷山市），先有星村小种红茶，继而产生工夫红茶。

3.茶学专家陈彬藩在《古今茶话》（香港广角镜出版有限公司，1988年记载：

> 乌龙茶的制作工艺渊源于武夷岩茶。

4.茶学专家倪郑重认为（《倪郑重茶业论集》，中国民主建国会泉州市委会编，1990年）：

> 在乌龙茶名称产生以前，乌龙茶工艺早已形成，它的产生至少可

以追溯到十七世纪初叶。我们认为武夷岩茶就是乌龙茶的鼻祖，它是在明朝取代宋朝“龙团凤饼名冠天下”的建安茶之后，改制条形叶茶，汲取全国各地采制工艺的精华而发展形成的。

5.中国工程院院士、茶学专家刘仲华在他主编的《武夷岩茶品质化学与健康密码》（湖南科学技术出版社，2022年）一书中提到：

武夷山是世界自然与文化“双遗产”地之一，是世界乌龙茶和红茶的发源地。

无论是历史资料、中外文献，还是国家标准、专家论著，都有力证明了乌龙茶、红茶源于武夷茶。因此，作为武夷茶的原产地，武夷山理所当然是乌龙茶、红茶的发源地。

第三节 万里茶道——茶香飘万里

2013年3月，习近平总书记首访俄罗斯时，在莫斯科国际关系学院演讲中提到，在三百年前有一条茶叶贸易为主的跨国商贸大动脉——万里茶道，它和中俄油气管道被并称为联通中俄两国的“世纪动脉”，具有重大的历史和现实意义。习近平总书记提到的这条万里茶道，就是17世纪至20世纪沿线商民共同参与运转的，一条从福建武夷山起步，到俄罗斯恰克图、跨越亚欧大陆的万里茶路和商贸大道。

两百多年前，亚欧大陆上最有实力的俄国，关注到了中国南方茶叶的重要价值，并以商业贸易的方式，写入了中俄贸易的诸多条约中。作为关注中俄贸易最有资本实力的山西晋商，发现了驻守在中俄买卖城恰克图的俄罗斯茶叶采购商，特别关注来自崇安（今武夷山市）的茶叶，于是晋商常氏抓住了这一商机，承担了清朝与俄罗斯茶叶贸易的买办，携重资南下茶区，一路上不辞艰辛，来到了武夷山茶产区，先后在下梅、星村、赤石等茶市设庄采购武夷茶。让俄商最满意的武夷茶，再通过闽赣古道运往江西河口古镇。从此，万里茶道起点的坐标，定位在了武夷山。晋商南来北往的脚步，踏出了一条贯通中国南北的茶叶商贸之路。

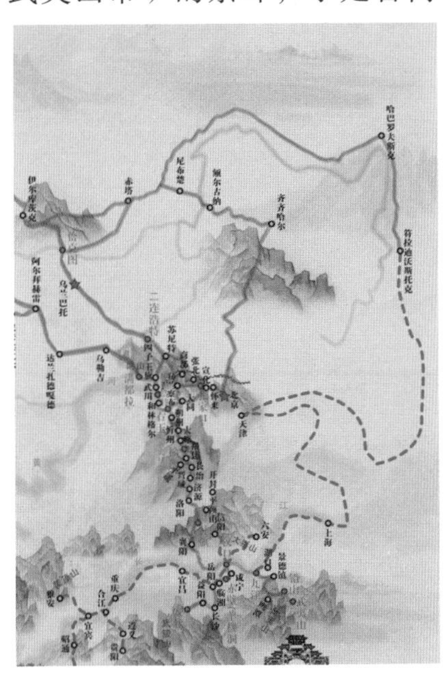

万里茶道示意图

茶叶从武夷山翻山越岭到江西河口，然后改为水运，经长江到达汉口，经汉水而上由襄樊、唐河，北上至社旗镇。再换马帮驮运，经洛阳、晋城、长治，到祁县，再经过太原、大同、张家口，到达归化。在那里，换驼队经过库伦之后，抵达边界城市恰克图。全程约4760千米，其中水路1480千米，陆路3280千米。然后，被运销到俄国境内的各大城市，茶道在俄罗斯境内继续延伸，从恰克图经伊尔库茨克、新西伯利亚、秋明、莫斯科、圣彼得堡等十几个城市，又传入中亚和欧洲其他国家，使茶叶之路延长到13000千米之多，成为名副其实的“万里茶道”。

再来看“海上茶之路”，1757年，清廷为了控制对外贸易，将对英、法、荷等欧洲国家的贸易限定于广州口岸，于是茶叶只能过分水关到江西铅山河口到广州。从广州港起始的海上路线，一条经好望角到欧洲，一条则横跨太平洋至美国。1842年，福州列入通商口岸，使西方人找到了武夷茶最近的出海口。1853年，因为太平天国运动，武夷茶通往广州的线路被阻，福州港成为武夷茶的主要输出口岸。从此武夷茶通过“海丝茶路”运往欧美各国，一片东方树叶影响了世界近代史，美国独立战争，中英鸦片战争都与武夷茶有关。茶路的兴衰也见证了大清帝国的兴衰。

2014年，第三届“万里茶道”与城市发展中蒙俄市长峰会在武夷山召开，武夷山市政府于下梅溪畔建成“万里茶道”雕塑广场，邀请中国工艺美术大师卢思立先生创作了雕塑，并以中、英、俄、蒙四国语言镌刻《中蒙俄万里茶道起点——武夷山》全文如下：

“大红袍·中华瑰宝 与世界相遇”主题发布会现场

第三届万里茶道与城市发展中蒙俄市长峰会

武夷之民，居山业茶，历史悠久。茶叶对外贸易始于明末清初，康熙年后与日俱增。昔星村、下梅、赤石皆为崇安之茶市。凡崇溪、九曲溪、梅溪、黄柏溪、西溪，皆为本邑贩茶水道，民舣竹筏盛时每日300余艘，转运不绝。茶埠之兴盛，遂引茶商纷至沓来。先由晋商常氏，携巨资南下至武夷茶区，与本邑茶商协同买办，趸足集春，合伙景隆。雇佣脚夫，循闽赣古道及江流水路，反复水浮陆转，不分寒暑，日夜兼程。塞外大漠，驼队逶迤。至恰克图与俄商贸易毕，复由俄商将武夷茶运销欧洲他国，漫途穿越中蒙俄三国，行程逾万里，誉之为“万里茶道”。

又清咸丰年间太平军起，茶路受阻，晋商就湘鄂诸地择茶叶产区为基地，从此南茶北销历200余年。五口通商之后，外商遂聚武夷购茶，且借道厦、漳、泉与广州、潮州、汕头及港澳口岸，转运闽茶出洋，由是茶叶之路循东南沿海行，通洋艘，遂开辟海上茶叶之路。

可以说，武夷茶叶对外贸易从清代中期的繁荣，到民国时期武夷茶叶对外贸易的日渐衰落，武夷山在两个多世纪以来，都一直担当着陆上茶叶之路起点和海上茶叶之路起点的角色。在无数茶叶的陆转水浮内外贸易进程中，奠定了万里茶道起点的厚重历史。自2012年以来，万里茶道起点沿线城市达成了共识，为复兴万里茶道文化，加强沿线城市文化与旅游的合作，举办了中蒙俄万里茶道市长峰会。2014年11月，第三届万里茶道中蒙俄沿线城市的市长峰会在武夷山市举办。在清代茶市下梅，举行了万里茶道起点武夷山城市雕塑揭幕仪式，这次峰会使武夷山作为万里茶道起点的地位得到了提升，会上形成了万里茶道申报世界文化遗产的共识，制定了万里茶道联盟章程。在“一带一路”的引领下，武夷山万里茶道文化资源得到激活，武夷山陆地港开通了中欧班列，成功开通了首趟通往俄罗斯的“大红袍”专列。同时，以万里茶道为文化资源的茶企注册、商标注册、民宿创建、研学茶修等文化交流与活动日益活跃。展示了万里茶道起点武夷山，正沿着“一带一路”再出发的美好愿景。武夷山市“三茶”统筹各项工作的层层推进，为擦亮万里茶道起点这张名片，积极赋能于万里茶道起点的文化传承，创新发展。

第四节 岩茶之王——大红袍

生长在武夷山九龙窠崖壁上的六株大红袍茶树，有“岩茶之王”之美誉，作为历代专供皇家享用的贡茶，总是蒙着神秘的面纱。大红袍的盛名也被世人美传，贾平凹先生描述道：“山是九龙窠，倚天独石。半壁之间，有岩层如线由东向西斜来，隐显渗滴，西边忽一石皱款款下倾，变成臂状如层线收握，落土为掌，长出六株茶树。茶树饮露沐风，日晒雾浸，枝干粗拙，叶形峨眉，芽色紫红，这就是大红袍的母树。在此已有数百余年了。”贾先生又是这样评价的：“本是平常之物，坚持得久了，便岩骨花香，成为神灵。今母株高在石台如同佛龛，六株分列坐若圣贤，而无性培植的茶已遍布山间，其独特的自然环境，独特的制作工艺使茶品活、甘、清、香，名盛天下。大红袍成了武夷的象征，更是武夷茶人的精神。”

（一）大红袍名称的由来

其一：“状元报恩”传说故事。大红袍原为武夷岩茶名丛的名称，与其他众多名丛一样有着动人的传说。目前流传最广的传说：明朝时有一位举子进京赶考，路过武夷山时，突发疾病昏倒在路边，幸遇天心庙的方丈，方丈取其所藏茶叶泡与他喝，不久后他的病就好了。举子得救后继续进京应考，并考取状元，而后回武夷山报答救命之恩。方丈告诉他救他命的茶叶是从九龙窠的几棵茶树上采制的，于是，状元将红袍脱下披盖到茶树上，跪拜谢恩，从此那几棵茶树就被称为“大红

状元报恩

袍”。大红袍的故事包含了中国人治病救人、知恩图报的传统美德以及金榜题名、红袍加身的美好寓意，寄托着满满的正能量，因此数百年来一直被津津乐道。

大红袍嫩梢芽叶

其二：植物形态命名说。武夷名丛大都得名于地形、叶色、香型、滋味、发芽期、年代等，大红袍茶树因春芽萌发时，嫩梢芽叶呈紫红色，远望满树红艳，如披红袍而得名。其制作技艺于2006年被列入首批中国非物质文化遗产，而大红袍母树作为古树名木也被列入世界自然与文化遗产。

（二）大红袍的三种语境含义

随着岁月变迁和一代代茶人的传承与创新，如今的大红袍有三层含义，在不同的语境下分别指：茶树的品种名称、商品茶名称和品牌名称。

1.茶树品种名称

1962年和1964年，中国农科院茶叶研究所和福建省茶叶研究所分别从母树大红袍剪枝带回繁育，并取得成功。1985年，武夷山茶科所又将大红袍从福建省茶科所引种回武夷山，并进行推广种植。

但在很长一段时间里大红袍只是一个武夷岩茶的名丛，并不是真正意义上的茶树品种，制约了它的推广。从地方的名丛变为茶叶品种，必须经过有关部门审查认证，必须具备选育品系的遗传稳定性、生产栽培的经济性、对气候环境的适应性。

为此，茶科所展开了一系列研究工作。20世纪80年代，在老一辈茶叶工作者的努力下，无性繁殖大红袍茶树获得成功。2012年大红袍被正式审定为福建省级茶树品种，并从此得到大面积推广。以大红袍茶树品种制成的产品，有的茶企业也将其称为“纯种大红袍”。

2.拼配岩茶商品名称

计划经济时期，武夷岩茶以水仙、奇种、肉桂、名丛等名为商品名。20世纪80年代后期，计划经济向商品经济的过渡，同时随着社会经济和武夷山旅游事业的发展，知道和喜欢大红袍的人也越来越多，市场对大红袍商品茶叶充满了期待。

于是，茶科所的人员从武夷岩茶不同名丛中挑选合适的品种茶通过合理的拼配，互相取长补短，达到调和品质，统一规格标准的目的，保证成品大红袍品质的一致性。经过反复试验，最终拼配出了“色香味韵”俱全的大红袍商品茶。拼配大红袍一问世，便成为武夷岩茶热销的王牌产品。特别是由陈椽先生题名的“大红袍”红色叶片图案，成为最具代表性的大红袍标志性产品。

由于大红袍商品茶在市场上获得成功，产生极大的经济效益。从20世纪90年代起，武夷山的许多茶厂纷纷生产拼配大红袍，开创了“大红袍红天下”的局面。有别于“纯种大红袍”，这就是后来大家习惯所称的“商品大红袍”。

商品大红袍

3.品牌名称

武夷岩茶品类繁多，即使是当地茶客都难记全，更不用说全国各地其他接触此茶的消费者了。为了适应宣传营销工作的需求，21世纪初，武夷山市委、市政府在充分调研和总结活动经验的基础上，认为大红袍历史悠久，品质高贵，堪称“国茶”，以武夷茶王的美誉，蜚声海内外，为更好地宣传武夷山和武夷岩茶，决定采纳了相关专家的建议，统一打“大红袍”品牌进行武夷岩茶的营销。这样大红袍就有了更深层次的含义：作为品牌名称的大红袍。

与此同时，为了保证大红袍商品茶的质量，武夷山市政府采取了系列措施：制订了武夷岩茶国家标准，实行地理标志产品许可使用制度，并将“武夷山大红袍”注册为证明商标，授权给符合标准的厂家使用。有关部门对武夷山茶叶

“武夷山大红袍杯”全国性技能大赛

市场进行整顿和规范，从而有效地保证了大红袍商品茶的质量。同时，武夷山市政府和企业运用大红袍既有的知名度，在对外宣传和营销中以大红袍统领武夷岩茶。如今，大红袍已成为武夷岩茶响当当的品牌名称。

（三）揭开大红袍神秘的面纱

大红袍历史悠久，是历史名茶，有它的历史背景、独特生长环境和制作工艺要求，文化底蕴丰厚，品质高贵，风格独特，有武夷茶王之美誉，蜚声海内外，为稀世瑰宝。

1.大红袍母树

大红袍母树为国家一级保护古树名木（中华古树名木），福建省茶树种优异种质资源保护区。九龙窠“大红袍”摩崖石刻已被列为省级文物保护对象，根据文物保护的有关规定，武夷山市政府作出对母树大红袍实行特别保护和管理的决定：从2006～2009年，对母树大红袍停采留养；2010～2018年，每年5月份对茶树上枯枝、病虫枝、徒长枝进行整枝修剪，以及局部新梢进行打顶，并与科研院校结合，开展实验研究；2019～2020年，停采留养；2021年5月中旬，对徒长枝进行整枝修剪以及局部新梢进行打顶。指定专业技术人员进行科学管理并建立详细的大红袍管护档案。大红袍一直属于“名丛”范畴，2012年大红袍通过审定，成为福建省优良茶树品种。

大红袍母树

2.发展历史

武夷岩茶历史悠久，而大红袍乃是武夷岩茶中之佼佼者。1921年《蒋叔南游记》中有提到武夷山数处有见此茶种，如天心岩九龙窠即有摩崖石“大红袍”三个字的一处、天游岩一处、珠帘洞一处（也叫水帘洞），但非常遗憾的是，这些游记和调查都没有交代清楚这几处大红袍更具体的地点、属哪个寺庙茶庄、是否是同一种或同名不同种、茶树特征是否一样，以及品质如何。

1942年，林馥泉著《武夷茶叶之生产制造及运销》一文中提到马头岩的磊石、盘陀有大红袍，而记录大红袍采制全过程的却是九龙窠的那3株大红袍。

1942年，廖存仁《武夷大红袍史话及观制记》一文记载，天心寺方丈向廖存仁介绍说道："此处名九龙窠，是茶即大红袍，其中间较高一株为正本，旁二丛其副本也。"

1946年，叶鸣高《武夷祁门茶树品种之调查与研究》记载：大红袍，在九龙窠之西端山坡，其旁石壁流泉四时不绝，地当山坡梯级坛地第二级二行第二株（北→南）。

1962年春，中国农科院茶叶研究所的科研人员从武夷山九龙窠剪了大红袍枝条带回杭州扦插繁育，引种种在品种园内。

1964年，福建省茶叶研究所技术员谢庆梓和一名工人携单位介绍信来崇安县，要求剪取大红袍苗穗，时任武夷山市茶叶科学研究所所长的陈德华，带他们到县政府办公室和综合农场办公室办好手续，并带他们到九龙窠，经看守人员验证后，他俩上去剪取大红袍茶穗（当时只有三株）并带回福安社口省茶叶研究所扦插繁育。

1985年11月，陈德华参加福建省茶叶研究所建所四十周年庆之际，向培育室主任黄修岩提出要五株大红袍引回崇安，种在御茶园名丛观察园中。

1994年，武夷山市茶叶科学研究所《大红袍无性繁殖及加工技术研究》的项目，荣获福建省科委科学技术成果鉴定通过。

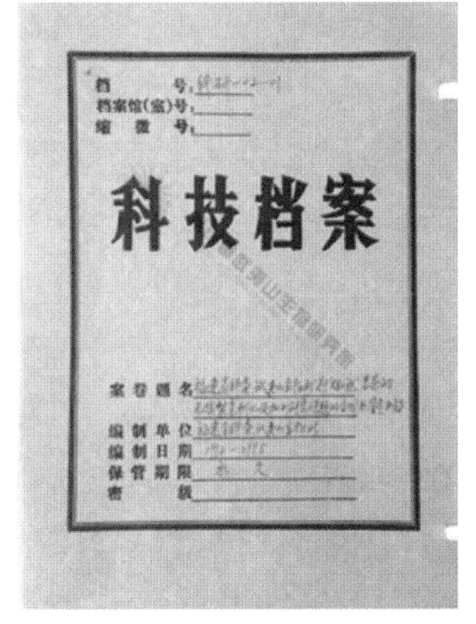
档　　号
档案馆(室)号
缩　微　号
科技档案
案卷题名
编制单位
编制日期
保管期限
密　　级

"大红袍"岩茶无性繁育科研档案

3.生物学特性

自然生长的大红袍植株灌木型，中小叶类，晚生种，树冠半开张，树高可达2米以上，骨干枝明显，分枝较密，叶梢向上斜生长。叶长达10～11厘米，宽4～4.3厘米，叶形近阔椭圆形，叶尖钝略下垂，叶缘平直，叶身平展，叶色浓绿光亮，主侧脉略下陷，叶肉稍隆起，叶质脆，叶脉

7～9对，叶齿浅尚明27～28对，花型尚大，花径约3×3厘米；花萼5片，花瓣6片，花丝稀疏稍长、高低不齐，二倍体，茶果中等。嫩芽尚壮，色深绿微紫，夏梢带红毫尚显。春芽萌发、开采期比肉桂品种迟，一般在5月11～18日开采，属迟芽种，能有效错开茶叶采摘的高峰期。

4.保护与选育过程

“大红袍”是武夷岩茶“五大名丛”之首，是国家久负盛名的品牌，中国驰名商标。长久以来一直受到消费者的推崇和喜爱，其身价之高，声誉之扬、知名度之广和影响力之大，可称作中外农作物之最。

为世人能观赏到大红袍的风姿，品尝其神韵，武夷山茶叶科技人员经刻苦钻研，科研攻关，终于在20世纪60年代初用无性繁殖获得成功。1994年12月福建省科委组织有关专家鉴定，一致认为无性繁殖的大红袍能保持母本优良特征特性，在武夷山特定的生态环境条件下可以推广。1995年詹梓金教授担任福建省农作物品种审定委员会茶叶专业组组长，积极组织专家组通过实地调研、科学分析、认真研讨，为大红袍品种的保护提出了重要的理论和技术支撑：一是明确了大红袍的历史定位（一直以来，大红袍的学术定位属“名丛”范畴，不是品种）；二是提出了科学保护“国宝”大红袍母树的措施建议。他建议：将大红袍列入省级珍稀植物进行保护，省、市政府拨专款进行改造、复壮（后来省财政厅拨专款8万元作为保护大红袍经费）；在保护原有面貌基本不变的前提下，对梯壁、梯阶与排洪沟进行维修、改善；茶园深翻，切断部分老根促进新根生长，增施有机肥与微量元素并进行客土，加厚土层，去除地衣、苔藓，剪除枯枝，对母树老枝分期台刈更新复壮，人工除虫，改造后母树，以养树为主，培养树冠，复壮后方可采摘；建议重修通往九龙窠大红袍景点的道路、台阶。

武夷山大红袍品种选育工作现场

2009年10月14日，武夷山市茶业局成立武夷山大红袍品种申报工作领导小组，詹梓金教授被聘为大红袍品种申报工作顾问，负责申报材料搜集、分析、整理等。为此，他带领科技团队走访大红袍茶树的区试种植园，开展大红袍DNA分子遗传分析实验及茶叶内含物的对比试验，为大红袍品种的审定开展了大量的基础性工作。

2007～2009年在同一生态、环境与栽培条件下，按照乌龙茶统一的采制标准与方法，对武夷山大红袍品种经济性状与生物学特性进行系统观察与比较鉴定，在武夷山市星村镇（重复Ⅰ）、武夷街道（重复Ⅱ）和良种场（重复Ⅲ）建立大红袍品种比较试验点与生产示范点，鉴定其在我市种植的鲜叶产量与加工品质，春茶开采期，抗性与适应性等主要经济性状表现。

大红袍为灌木型，中小叶种，植株较高大，树姿半开张，分枝密。产量比对照种水仙低4%。香气馥郁芬芳，具“岩骨花香”特征，味醇厚甘爽。一芽二叶干样含茶多酚15.6%，黄酮6.92%，咖啡碱2.532%，水浸出物31.99%。开采期比水仙迟11～15天。扦插成活率85%以上。抗寒、抗旱与适应性较强，综合性状优异。经茶叶专家鉴定，其扦插繁殖在同等的环境条件下，生产的产品能达到大红袍母树品质特征水平，适宜在武夷山特有的环境地带推广，特别是大红袍品种比肉桂迟5～7天采摘，能有效地延长茶叶采摘期，降低茶企业的生产成本。

大红袍按照武夷岩茶制作工艺制样，样品经武夷山市茶叶产品质量检测所密码审评鉴定，大红袍茶品质连续三年审评得分为95.00分。外形条索紧结、色泽乌润、匀整、洁净；内质香气浓长；滋味醇厚、回甘、较滑爽，具“岩骨花香”特征；汤色深橙黄；叶底软亮、朱砂红明显。

在詹梓金教授和湖南农业大学施兆鹏教授有力的关心、支持和推动下，大红袍品种在2012年通过审定，成为福建省优良茶树品种，使大红袍这一自然与历史馈赠的珍品获得了新生，载入了武夷茶史册，这是继肉桂之后武夷岩茶的第三大品种，为武夷山大红袍持续健康发展打下良好的基础。经过几十年的推广、改进工艺和科学采制，大红袍已得到空前的发

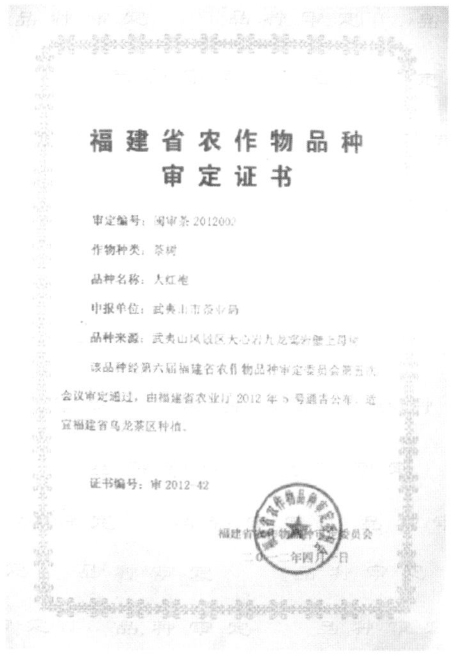

福建省农作物品种
审定证书

审定编号：闽审茶2012002

作物种类：茶树

品种名称：大红袍

申报单位：武夷山市茶业局

品种来源：武夷山风景区天心岩九龙窠岩壁上母树

该品种经第六届福建省农作物品种审定委员会第五次会议审定通过，由福建省农业厅2012年5号通告公布，适宜福建省乌龙茶区种植。

证书编号：审2012-42

福建省农作物品种审定委员会
二〇一二年四月[illegible]日

福建省优良茶树品种“大红袍”审定证书

展，从历史名茶一跃成为行销世界各地、深受广大消费者喜爱的武夷岩茶的标志名品。

5.商品大红袍的发展

武夷山一直以来就有许多茶树品种、单丛、名丛资源，历史上就有很多花名的商品茶。1985年上半年，武夷山茶叶研究所对此做了大胆的尝试，决定生产大红袍小包装茶，首先确定了茶盒的大小（净含量15克），然后把盒子的正面和背面的图案构思告诉画家——福建师范大学杨启舆教授。不久，第一盒大红袍盒子设计好了，正面以一片简单的红叶寓意大红袍红的特征，而不是用绿叶红镶边的写真形式来表达，背面以大红袍的真实场景配上传说中的官员朝拜大红袍这一画面，体现大红袍茶叶的贵重。这在当时是一个大胆的开拓，准备上市的不是一般品牌的茶叶，而是和神仙、皇帝、状元等传说联系在一起的大红袍，第一盒包装的商品大红袍投放市场将会有什么反映？该如何解释？当时虽考虑了许许多多，但心中还是有压力。正巧，9月中旬时值全国乌龙茶学术研讨会在武夷山召开，省里来了很多茶叶界专家，其中有张天福、詹梓金、林心炯、庄任等。在会议期间，市茶叶研究所陈德华和叶以发带着准备上市的小包装大红袍茶，分别向省里有关专家、教授谈制作小包装大红袍的初衷及应对办法，并征求专家的意见，结果完全获得专家们的认可和赞许。不久，第一批小包装大红袍就出现在崇安县茶叶公司门市部商品柜上，受到市场客户、消费者的认可和好评，以后的事实证明了武夷山市茶叶研究所研发小包装大红袍获得成功。

武夷山市（原崇安县）最早的一款大红袍小包装产品

商品大红袍包括纯种大红袍和拼配大红袍。纯种大红袍指用纯种大红袍鲜叶加工而成的成品茶；拼配大红袍指以武夷岩茶为原料，通过合理拼配而成，且品质符合国家标准的成品茶。

2002年武夷岩茶被国家确认为“原产地域保护产品”，规范了一系列生产、制作、产品标准。6月13日国家质检总局发布了GB18745《武夷岩茶》强制性国家标准，2002年8月1日实施。武夷岩茶按茶树品种分为名丛、传统品种二类，按产品分为大红袍、名丛、肉桂、水仙、奇种五类。大红袍、名丛不分等级；肉桂分特、一、二级；水仙、奇种分特、一、二、三级。

2006年7月18日，国家质量监督检验检疫总局修改发布了GB/T18745《地理标志产品 武夷岩茶》推荐性国家标准，并于同年12月1日正式实施。大红袍产品分为特、一、二级，武夷山市按照“国家标准”规范操作，生产企业遵循武夷岩茶国家标准GB/T18745的品质要求，通过合理拼配，达到调和品质，使产品达到平衡、协调、稳定的完美状态，大红袍开始大批量生产，其品质均已达到母树大红袍水平。

武夷岩茶（大红袍）的荣誉历程

1984年	“拼配大红袍”问世；
1997年	大红袍荣获“福建省名茶”称号；
1998年	大红袍、武夷肉桂荣获“中华文化名茶”金奖；同年8月，在第五届武夷岩茶节上，20克母树大红袍以人民币15.68万元竞拍成交；
2001年	“武夷山大红袍”注册为地理标志证明商标；
2002年	武夷岩茶获得国家地理标志保护产品；
2003年	由中国人民保险公司以产品责任保险方式为大红袍母树承保1亿元；
2005年	4月，在上海国际茶文化节闭幕式暨第七届中国武夷山大红袍茶文化节上，20克母树大红袍以人民币20.8万元竞拍成交；
2006年	6月，武夷岩茶（大红袍）制作技艺作为全国唯一茶类列入首批国家非物质文化遗产名录；同年为首批12位武夷岩茶（大红袍）制作技艺传承人授牌；

部分荣誉证书

2006年	10月，国庆期间，武夷山市人民政府在北京钓鱼台国宾馆、王府井、马连道举办以“浪漫武夷 风雅茶韵”为主题的大红袍宣传活动，获得巨大成功；
2007年	10月10日，“乌龙之祖·国茶巅峰——武夷山绝版母树大红袍送藏国家博物馆”仪式在紫禁城外端门大殿举行，最后一次采摘的20克母树大红袍茶叶作为首份现代茶样品入藏国家博物馆；
2008年	“武夷山大红袍”地理标志证明商标被认定为福建省著名商标；
2010年	2010年，“武夷山大红袍”被认定为中国驰名商标； 2010年3月，张艺谋、王潮歌、樊跃创作的《印象·大红袍》实景演出正式公演。十三年来演出5200多场，接待观众800多万人，获过“全国文化企业30强”提名；

2012年	大红袍茶树品种通过审定，成为福建省优良茶树品种；
2015~2017年	大红袍连续三年获得“全国茶叶区域公用品牌十强”称号；
2016年	武夷岩茶品牌价值获评627.13亿元，位居全国驰名品牌价值排行榜第11位，茶类品牌第2位；
2019年	大红袍荣获“2019全国绿色农业十佳茶叶地标品牌称号”；
2019年	时任国务委员、外交部部长王毅在福建全球推介活动中点赞“大红袍天下第一”；
2020年	“武夷山大红袍”列入中欧地理标志协定保护名录；
2022年	武夷岩茶（大红袍）制作技艺等44个“中国传统制茶技艺及其相关习俗”成功入列联合国教科文组织人类非物质文化遗产代表作名录。

印象大红袍山水实景演出宣传照

第五节 千载儒释道 万古山水茶

武夷山，不仅用最好的水土孕育出独一无二的武夷岩茶，也用一种开阔的胸襟同时接纳了中国文化的三大支柱——儒、释（佛）、道三教。形成了三教同山、三花并蒂的独特文化构筑，三教文化犹如武夷山三花峰，“三花”并蒂；三仰峰，“仰之弥高”。展示了武夷山巨大的兼容性和厚重的生命内蕴。而武夷茶文化历史悠久、底蕴厚重，它的发展与武夷山的儒、释、道三教文化有着不解的生命情缘。

从三教的主张看，都十分强调“和”“静”二字。在他们看来，能达到和静是一种最理想的崇高的精神境界。只有达到和静的境界，儒家才能“治国平天下”；佛教才能“顿悟”成佛；道教才能得道成仙。儒释道三教推崇的“和”“静”，恰与茶的禀性，茶中蕴和，茶中寓静相一致。因此，茶便与儒释道结下不解之缘。

（一）武夷山儒教与茶

武夷山的儒教理学鼎盛于南宋，最著名的代表人物当推朱熹，儒家倡导的人生处世原则就是，致广大而尽精微，极高明而道中庸。从某种意义上说，朱子理学这一思想体系正是源于武夷茶道的真传。因为，朱熹在武夷山生活、讲学、著书、立说达半个世纪之久。他吸纳了武夷茶道所倡导的修身养性的生命理念，与理学思想形成了精神层面的高度融合与统一。无论是朱熹亲手植茶的生动故事，还是朱熹吟咏武夷茶的众多诗文，抑或朱熹品茗论道的灵感火花及茶事逸闻，均透出了浓浓的文化色泽，铺展出武夷茶独具的神奇魅力。朱熹的《咏武夷茶》：“武夷高处是蓬莱，采取灵根手自栽。地僻芳菲镇长在，谷寒蜂蝶未全来。红裳似欲留人醉，锦幛何妨为客开。咀罢醒心何处所，近山重叠翠成堆。”透过这和美闲淡的画

五夫镇朱熹塑像

面，我们可以看到朱熹心灵深处的淡定从容，感悟到朱熹精神世界的情感意蕴。这就是朱熹与武夷茶的一种心灵默契和情感沟通。

（二）武夷山佛教与茶

武夷山之南虎啸岩下有“天成禅院”，武夷山之北天心峰下有“永乐禅寺”。禅，是佛教中一种修行的方法，南北朝时，经印度达摩传到中国后，禅在中国成了佛教的别名。武夷禅茶也是武夷茶文化的一个重要组成部分。自唐代以来，武夷山的寺庙遍布山中，清越的梵音禅语与“六六三三疑道语”遥相呼应。“千万峰中梵室开”是武夷山籍的北宋著名词人柳永形容武夷山佛教鼎盛的诗句，形象

天心寺僧制茶

地反映了唐宋时武夷山佛教香火旺盛、寺庙林立的景象。武夷僧人远离尘世、归隐山中，他们在这得天独厚的环境中，伴着晨钟暮鼓与缭绕的香火，把修身养性作为生命的最高境界来推崇。种茶、制茶和品茶已成为他们修行的一个重要载体，许许多多的顿悟都是在这茶事活动和品茗意蕴中获取灵魂的启迪。武夷山的名僧翁藻光对武夷茶也是情有独钟，曾写下许多赞美和感悟武夷茶的著名诗文。“扣冰沐浴，以冰烹茗”几乎成了他人生的经典故事。他在荆棘荒蛮中坐禅静悟“吃茶去”的佛理，最终获取了“茶禅一味”的真谛。

（三）武夷山道教与茶

武夷山道教与武夷茶也有着割舍不断的生命情缘。武夷山的道教可追溯到汉武帝封禅武夷君这一历史时期，以“清心寡欲为修道之本，以为一念无生即自由，心头无物即仙佛”为修身宗旨，推崇的是天人合一、羽化成仙的生命理念。其所蕴含和营造的恬淡静美的高远意境，正好吻合了武夷道教所倡导的人与自然和谐静美的思想意念，那“心静则神安，神安则

2009年儒释道三教泰斗齐聚武夷论茶

百病不生”的修道意念，正是从品饮武夷茶的意境中派生而出的。武夷山道教最具代表性的人物是白玉蟾。他在武夷山大王峰麓的止止庵修行多年，留下大量的诗文著作。其中不少是描写赞美武夷茶的。他把对武夷茶的理解和感悟，深深地溶进了自己的血脉里，便融会贯通地嫁接到道教的教义中去，形成了自己的生命悟性。清代武夷山天游观静参羽士，品茗论道，对茶有精辟独到的见解。他与梁章钜夜谈茶事，提出了茶名有四等（花香、小种、名种、奇种），茶品有四等（即活、甘、清、香），深为后人所称道。特别是“活、甘、清、香”四字的论述，可谓静参已彻底领悟岩茶之神韵。茶与儒释道结合，形成茶文化园中一朵奇葩。

由此可见，一方面，武夷茶秉山川之灵气，受日月之精华，大自然赋予的俭朴、清纯、和静的禀性，深得儒释道三教的喜爱，武夷茶成为三教的精神寄托和理想的物质基础。另一方面，三教思想之精华，又丰富了武夷茶文化的内涵，对武夷茶的发展也起了很大的推动作用。茶道即人道，促进人与社会的和静，人与人的和乐；茶道亦禅悟之道，是“天人合一”与人自然和谐之道。

第七章 浪漫的风雅茶韵

茶文化是中国传统文化中的一朵奇葩，源远流长，在漫长的历史长河中逐渐由物质文化上升到精神文化的范畴，融自然科学、社会科学、人文科学于一体。武夷茶文化与旅游事业关系密切，协调发展。茶旅游景点星罗棋布，资源丰富。

第一节 名篇佳句

一 武夷茶诗词精选

送茶与焦刑部书

——唐 孙樵

晚甘侯十五人，遣侍斋阁，此徒皆乘雷而摘，拜水而和，盖建阳丹山碧水之乡，月涧云龛之品，慎勿贱用之。

★最早武夷茶文字记载

尚书惠蜡面茶

——唐 徐夤

武夷春暖月初圆，采摘新芽献地仙。
飞鹊印成香蜡片，啼猿溪走木兰船。
金槽和碾沉香末，冰碗轻涵翠缕烟。
分赠恩深知最异，晚铛宜煮北山泉。

★最早歌颂武夷茶的茶诗

春谷

——宋 朱熹

武夷高处是蓬莱，采得灵根手自栽。
地僻芳菲镇长在，谷寒蜂蝶未全来。
红裳似欲留人醉，锦幛何妨为客开。
咀罢醒心何处所，远山重叠翠成堆。

和章岷从事斗茶歌

——宋 范仲淹

年年春自东南来，建溪先暖冰微开。
溪边奇茗冠天下，武夷仙人从古栽。
新雷昨夜发何处，家家嬉笑穿云去。
露芽错落一番荣，缀玉含珠散嘉树。
终朝采掇未盈襜，唯求精粹不敢贪。
研膏焙乳有雅制，方中圭兮圆中蟾。
北苑将期献天子，林下雄豪先斗美。
鼎磨云外首山铜，瓶携江上中泠水。
黄金碾畔绿尘飞，碧玉瓯中翠涛起。
斗茶味兮轻醍醐，斗茶香兮薄兰芷。
其间品第胡能欺，十目视而十手指。
胜若登仙不可攀，输同降将无穷耻。
吁嗟天产石上英，论功不愧阶前蓂。
众人之浊我可清，千日之醉我可醒。
屈原试与招魂魄，刘伶却得闻雷霆。
卢仝敢不歌，陆羽须作经。
森然万象中，焉知无茶星。
商山丈人休茹芝，首阳先生休采薇。
长安酒价减百万，成都药市无光辉。
不如仙山一啜好，泠然便欲乘风飞。
君莫羡花间女郎只斗草，赢得珠玑满斗归。

建安雪

——宋 陆游

建溪官茶天下绝，香味欲全须小雪。
雪飞一片茶不忧，何况蔽空如舞鸥。
银瓶铜碾春风里，不枉年来行万里。
从渠荔子腴玉肤，自古难兼熊掌鱼。

造茶

——宋 蔡襄

屑玉寸阴间，抟金新范里。
规呈月正圆，势动龙初起。
焙出香色全，争夸火候是。

咏茶

——宋 朱熹

茗饮瀹甘寒，抖擞神气增。
顿觉尘虑空，豁然悦心目。

次韵曹辅寄壑源试焙新茶

——宋 苏轼

仙山灵草湿行云，洗遍香肌粉未匀。
明月来投玉川子，清风吹破武林春。
要知玉雪心肠好，不是膏油首面新。
戏作小诗君一笑，从来佳茗似佳人。

荔支叹（节选）

——宋 苏轼

武夷溪边粟粒芽，前丁后蔡相笼加。
争新买宠各出意，今年斗品充贡茶。
吾君所乏岂此物，致养口腹何陋耶？
洛阳相君忠孝家，可怜亦进姚黄花。

试茶

——宋 蔡襄

兔毫紫瓯新，蟹眼青泉煮。
雪冻作成花，云闲未垂缕。
愿尔池中波，去作人间雨。

茶灶

——宋 朱熹

仙翁遗灶石，宛在水中央。
饮罢方舟去，茶烟袅细香。

寄题朱元晦武夷精舍十二茶灶

——宋 杨万里

茶灶本笠泽，飞来摘茶国。
堕在武夷山，溪心化为石。

水调歌头·咏茶

——宋 白玉蟾

二月一番雨，昨夜一声雷。枪旗争展，建溪春色占先魁。采取枝头雀舌，带露和烟捣碎，炼作紫金堆。碾破春无限，飞起绿尘埃。

汲新泉，烹活火，试将来；放下兔毫瓯子，滋味舌头回。唤醒青州从事，战退睡魔百万，梦不到阳台。两腋清风起，我欲上蓬莱。

棹歌十首（之一）

——宋 白玉蟾

仙掌峰前仙子家，客来活火煮新茶。
主人遥指青烟里，瀑布悬崖剪雪花。

饮茶

——宋 朱熹

小园茶树数千章，走寄萌芽初得尝。
虽无山顶烟岗润，亦有灵源一派香。

咏贡茶

——元 林锡翁

百草逢春未敢花，御茶蓓蕾拾琼芽。
武夷真是神仙境，已产灵芝又产茶。

茶灶石

——元 蔡廷秀

仙人应爱武夷茶，旋汲新泉煮嫩芽，
啜罢骖鸾归洞府，空余石灶锁烟霞。

武夷茶

——元 赵若槼

和气满六合，灵芽生武夷。
人间浑未觉，天上已先知。
石乳沾余润，云根石髓流。
玉瓯浮动处，神入洞天游。

御茶园记（节选）

——元 赵孟熧

武夷，仙山也。岩壑奇秀，灵芽茁焉。世称石乳，有以石乳饷者，公美芹恩献，谋始于冲道士，摘焙作贡。

御茶园

——明 陈省

闽南瑞草最称茶，制自君谟味更佳。
一寸野芹犹可献，御园茶不入官家。
先代龙团贡帝都，甘泉仙茗苦相须。
自从献御移延水，任与人间作室庐。

泛九曲试茶

——明 陈勋

归客及春游，九溪泛灵槎。青峰度香霭，曲曲随桃花。
东风发仙莽，小雨滋初芽。采掇不盈襜，步屧穷幽遐。
瀹之松间水，泠然漱其华。坐超五浊界，飘举凌云霞。
仙经阙大药，洞壑迷丹砂。聊持此奇草，归向幽人夸。

武夷采茶词 六首

——明 徐𤊹

结屋编茅数百家，各携妻子住烟霞；
一年生计无他事，老稚相随尽种茶。
荷锄开山当力田，旗枪新长绿芊绵；
总缘地属仙人管，不向官家纳税钱。
万壑轻雷乍发声，山中风景近清明；
筠笼竹筥相携去，乱采云芽趁雨晴。
竹火风炉煮石铛，瓦瓶碟碗注寒浆；
啜来习习凉风起，不数蒙山顾渚香。
荒榛宿莽带云锄，岩后岩前选奥区；
无力种田来莳茗，官家何事亦征租。
山势高低地不齐，开园须择带沙泥；
要知风味何方美？陷石堂前鼓子西。

茶洞

——明 陈省

寒岩摘耳石崚嶒，下有烟霞气郁蒸。
闻道向来尝送御，而今只贡五湖僧。
四山环绕似崇墉，烟雾氤氲镇日浓。
中产仙茶称极品，天池那得比芳茸。

喊山台

——明 陈君从

武夷溪曲喊山茶，尽是黄金粟粒芽。
堪笑开元天子俗，却将羯鼓去催花。

西吴枝乘（节选）

——明 谢肇淛

余尝品茗，以武夷、虎丘第一，淡而远也；松萝、龙井次之，香而艳也；天池又次之，常而不厌也。

茶疏·产茶（节选）

——明 许次纾

江南之茶，唐人首重阳羡，宋人最重建州。于今贡茶，两地独多。阳羡仅有其名，建茶亦非最上，惟有武夷雨前最胜。

御赐武夷芽茶恭记

——清 查慎行

幔亭峰下御园旁，贡入春山采焙乡。
曾向溪边寻粟芽，却从行在赐头纲。
云蒸雨润成仙品，器洁泉清发异香。
珍重封题报京洛，可知消渴赖琼浆。

建阳茗事

——清 爱新觉罗·弘历

佳茗春深盛建阳，武夷溪谷挹清香。
携筐采摘沿芳渚，雷后雨前事益忙。

家兖州太守赠茶

——清 郑板桥

头纲八饼建溪茶，万里山东道路赊。
此是蔡丁天上贡，何期分赐野人家？

武夷茶

——清 高士奇

九曲溪山绕翠烟，斗茶天气倍暄妍。
擎来各样银瓶小，香夺玫瑰晓露鲜。

武夷三味（节选）

——清 汪士慎

初尝香味烈，再啜有余清。
烦热胸中遣，凉芬舌上生。

武夷采茶词四首（节选）

——清 查慎行

（一）

时节初过谷雨天，家家小灶起新烟，
山中一月闲人少，不种沙田种石田。

（二）

绝品从来不在多，阴崖毕竟胜阳陂。
黄冠问我重来意，拄杖寻僧到竹窠。

御茶园旧贡茶有感

——清 董天工

武夷粟粒芽，采制献天家。
火分一二候，春别次初嘉。
壑源难比拟，北苑敢矜夸。
贡自高兴始，端明千古污。

冬夜煎茶

——清 爱新觉罗・弘历

清夜迢迢星耿耿，银檠明灭兰膏冷。
更深何物可浇书，不用香醅用苦茗。
建城杂进土贡茶，一一有味须自领。
就中武夷品最佳，气味清和兼骨鲠。
葵花玉銙旧标名，接笋峰光发新颖。
灯前手擘小龙团，磊落更觉光炯炯。
水递无劳待六一，汲取阶前清渫井。
阿童火候不深谙，自焚竹枝烹石鼎。
蟹眼鱼眼次第过，松花欲作还有顷。
定州花瓷浸芳绿，细缀慢饮心自省。
清香至味本天然，咀嚼回甘趣逾永。
坡翁品题七字工，汲黯少戆宽饶猛。
饮罢长歌逸兴豪，举首窗前月移影。

谢王适庵惠武夷茶

——清 沈涵

雀舌龙团总绝群，驿书相饷意偏殷。
香含玉女峰头露，润带珠帘洞口云。
不用破愁三万酒，惭无拄腹五千文。
呼童携取源泉水，细展旗枪满座芬。

闽茶曲（节选）

——清 周亮工

龙焙泉清气若兰，士人新样小龙团。
尽夸北苑声名好，不识源流在建安。

雨前虽好但嫌新，火气难除莫近唇。
藏得深红三倍价，家家卖弄隔年陈。

武夷试茶

——清 袁枚

闽人种茶当种田，郄车而载盈万千。
我来竟入茶世界，意颇狎视心逌然。
道人作色夸茶好，磁壶袖出弹丸小。
一杯啜尽一杯添，笑杀饮人如饮鸟。
云此茶种石缝生，金蕾珠蘖殊其名。
雨淋日炙俱不到，几茎仙草含虚清。
采之有时焙有诀，烹之有方饮有节。
譬如曲蘖本寻常，化人之酒不轻设。
我震其名愈加意，细咽欲寻味外味。
杯中已竭香未消，舌上徐停甘果至。
叹息人间至味存，但教卤莽便失真。
卢仝七碗笼头吃，不是茶中解事人。

武夷茶歌

——清 释超全

建州团茶始丁谓，贡小龙团君谟制。
元丰敕献密云龙，品比小团更为贵。
元人特设御茶园，山民终岁修贡事。
明兴茶贡永革除，玉食岂为遐方累。
相传老人初献茶，死为山神享庙祀。
景泰年间茶久荒，喊山岁犹供祭费。
输官茶购自他山，郭公青螺除其弊。
嗣后岩茶亦渐生，山中藉此少为利。
往年荐新苦黄冠，遍采春芽三日内。
搜尽深山粟粒空，管令禁绝民蒙惠。
种茶辛苦甚种田，耘锄采摘与烘焙。
谷雨届期处处忙，两旬昼夜眠餐废。
道人山客资为粮，春作秋成如望岁。
凡茶之产准地利，溪北地厚溪南次。
平洲浅渚土膏轻，幽谷高崖烟雨腻。
凡茶之候视天时，最喜天晴北风吹。
苦遭阴雨风南来，色香顿减淡无味。
近时制法重清漳，漳芽漳片标名异。
如梅斯馥兰斯馨，大抵焙时候香气。
鼎中笼上炉火温，心闲手敏工夫细。
岩阿宋树无多丛，雀舌吐红霜叶醉。
终朝采采不盈掬，漳人好事自珍秘。
积雨山楼苦昼间，一宵茶话留千载。
重烹山茗沃枯肠，雨声杂沓松涛沸。

武夷茶

——清 陆廷灿

桑苎家传旧有经，弹琴喜傍武夷君。
轻涛松下烹溪月，含露梅边煮岭云。
醒睡功资宵判牍，清神雅助昼论文。
春雷催茁仙岩笋，雀舌龙团取次分。

橄榄茶

——清 爱新觉罗·弘历

吹雪磁瓯绝点瑕，新烹异品味尤嘉。
山厨漫说玫瑰露，高阁初尝橄榄茶。
兴入卢诗风满腋，书浇边腹响鸣车。
武夷应喜添知己，清苦原来是一家。

武夷山下

——清 林昌彝

武夷山下落春花，岩壑幽静坐饮茶。
不知人间可哀曲，骑麟飞上玉皇家。

金骏眉赞

——张建设

万颗芽尖不满斤，三香沁润自氤氲。
金汤一碗情醇厚，闲卧云轩意足欣。

桐木关高山名茶

——苏俊

芬芳秀丽叶清华，不是千红万紫花。
雾罩云封情更好，山高水冷性犹佳。
提神益兴何须酒，解渴除烦岂用瓜。
自过清明谷雨后，家家户户采新芽。

题正山小种红茶

——宗银贵

武夷山上育红茶，馥郁芬芳醉客家。
形若仙人轻舞袖，姿如少女巧攒纱。
娇容丰润染晨彩，嫩叶秾荫伴晚霞。
不与群芳争俗艳，沏来一碗百人夸。

茶说

——清 王复礼

武夷茶，自谷雨采至立夏，谓之头春；约隔二旬复采，谓之二春；又隔又采，谓之三春。头春叶粗味浓，二春、三春叶渐细，味渐薄，且带苦矣。夏末秋初，又采一次，名为秋露，香更浓，味亦佳，但为来年计，惜之不能多采耳。茶采后，以竹筐匀铺，架于风日中，名曰晒青。俟其青色渐收，然后再加炒焙。阳羡、岕片，只蒸不炒，火焙以成。松萝、龙井，皆炒而不焙，故其色纯。独武夷炒焙兼施，烹出之时，半青半红，青者乃炒色，红者乃焙色也。茶采而摊，摊而摝，香气发越即炒，过时、不及皆不可。既炒既焙，复拣去其中老叶枝蒂，使之一色。释超全诗云："如梅斯馥兰斯馨，心闲手敏工夫细。"形容殆尽矣（陆廷灿《续茶经》引）

归田琐记（节选）

——清 梁章钜

至茶品之四等，一曰香，花香、小种之类皆有之。今之品茶者，以此为无上妙谛矣。不知等而上之，则曰清，香而不清，犹凡品也。再等而上之，则曰甘，清而不甘，则苦茗也。再等而上之，则曰活，甘而不活，亦不过好茶而已。活之一字，须从舌本辨之，微乎微矣，然亦必瀹以山中之水，方能悟此消息。

茶说

——清 王梓

武夷山周回百二十里，皆可种茶。茶性，他产多寒，此独性温。其品有二：在山者为岩茶，上品；在地者为洲茶，次之。香清浊不同，且泡时岩茶汤白，洲茶汤红，以此为别。

武夷山制茶民谣

——武夷山民间茶谣

人说粮如银，我道茶似金。武夷岩茶兴，全靠制茶经。一采二倒青，三摇四围水。五炒六揉金，七烘八捡梗。九复十筛分，道道工夫精。人说粮如银，我道茶似金。武夷岩茶兴，全靠制茶人。

二 名家评赞

陪外宾到武夷山与黄山欣赏名茶名胜

——郭沫若

武夷黄山一片碧，采茶农夫如蝴蝶。
岂惜辛勤慰远人，冬日增温夏解渴。

茶

——连横

新茶色淡旧茶浓，绿茗味清红茗秾。
何似武夷奇种好，春秋同挹幔亭峰。

武夷山御茶园饮茶（节选）

——赵朴初

炭炉瓦罐烹清泉，茶壶中坐杯环旋。
茶注杯杯周复始，三遍注满供群贤。
我知醉酒不知茶，茶醉何如酒醉耶。
只道茶能醒心目，那知朱碧乱空花。

喝了武夷山的岩茶，其他的茶都不再想喝，好像没有味道了。

——南怀瑾

武夷形胜地，茶叶堪称王。一袭大红袍，千里闻异香。

——莫言

百丈悬崖百里岗，幽兰方竹满仙乡。三菇石下三回首，九曲滩头九断肠。雾恋青峦云护水，茶添醉意酒留香。无端不问桃源路，却向荒丛觅丽娘。

——易中天

三 国际友人评赞

我觉得我的心儿变得那么富于同情，我一定要去求助于武夷的红茶；真可惜 酒却是那么地有害，因为茶和咖啡使我们更为严肃。

——（英）拜伦《唐璜》

水帘洞下伴长吟，情满山川诗满心。香茗一杯神已荡，醉人尤有异乡音。

——（美）温黛珍《品茗》

信嘉乡之殊珍兮，而百草之尤；称红茶兮，而武夷之名最优。

——（苏格兰）阿兰·莱姆赛

鲜红的嘴唇，激起的和风，吹冷了武夷茶，吹暖了情郎，大地也惊喜了。

——（英）爱德华·扬

一切东方人，心里乐开了花，骆驼驮来了——武夷红茶。

——（俄）马雅可夫斯基

岩茶给予人类独特的一面，给予人类自然的提示，其中深具内涵。虽然茶喝完了， 但喝过后对人的洗涤才真正地开始，不仅是身体，而且是心灵。

——（日）左能典代

四 茶业专家论武夷茶

茶叶研究所所址选设在武夷山麓，有前福建示范茶厂经营的巍峨厂房，山上十多个专制岩茶的名厂和企山的广阔茶场等良好的基础，当地的品种资源又十分丰富，确实是一个十分理想和非常适宜的所址。

——吴觉农

武夷岩茶创制技术，独一无二，为世界最先进的技术，无与伦比，值得中国劳动人民雄视世界。

——陈椽

武夷岩茶可谓以山川精英秀气所钟，岩骨坑源所滋，品其泉冽花香之胜，其味甘泽而气馥郁。

——林馥泉

武夷岩茶不仅品质超群，而且在中国乃至世界发展史上，占有极其重要的地位。

——张天福

提起龙井想到西湖，提起牡丹想到洛阳，提起乌龙茶想到武夷山，让岩茶成为武夷山旅游的最佳导游。

——骆少君

锐则浓长，清则幽远。武夷岩茶首重岩韵，味以活、甘、清、香为上，十分讲究“山骨”“喉韵”“嘴底”“杯底香”等体感享受。

——姚月明

第二节 丹崖之上的武夷茶文化

武夷山摩崖石刻中关于茶的题刻还有很多，它们犹如凝固在崖壁上的史书，令人在领略武夷风光、品饮武夷香茗的同时，神游时空、意会古人，感受茶事之乐、茶史之趣。

（一）茶洞——武夷茶的发源地

传说古时山中有一乐善好施、助人为乐的老人，名“半仙”。一日上崖采药不幸跌下山脚，昏迷中有仙人以茶叶喂之，并赠茶树几株。半仙醒后，疼痛即消，精神清爽。他见此处有天游、隐屏、接笋诸座高峰回绕，自成一方天地，山泉汩汩润土，少阳多阴，便把茶树种下，果然茶树茂盛，品质极佳。

茶洞

有心者便在此石壁镌刻一米见方的“茶洞”二字。由于岁月厮磨，年代及勒者已无法辨考。

（二）晚甘侯——武夷茶最早的雅名

晚甘侯

晚甘侯是武夷茶的美称，典故出自唐代后期著名散文家孙樵的《送茶与焦刑部书》，书云：“晚甘侯十五人，遣侍斋阁。此徒皆乘雷而摘，拜水而和，盖建阳丹山碧水之乡，月涧云龛之品，慎勿贱用之。”

“晚甘”即描述武夷茶的回甘，饮后口中徐徐甘甜，“侯”是尊称，孙樵将武夷茶拟人化，称作“晚甘侯”，可见当时武夷茶之尊贵。后人将“晚甘侯”三字镌于武夷九龙窠之岩壁。

（三）岩韵——溪边奇茗冠天下

九龙窠有一面岩壁，上面刻满了历代文人对武夷茶的赞美，其中“岩韵”“晚甘侯”《和章岷从事斗茶歌》尤为出名。

岩韵石刻

“岩韵”，作为武夷岩茶的精髓，于2005年选康熙字体刻于岩壁之上，用来赞颂武夷岩茶妙不可言的浑厚底蕴。“岩韵”旁边是宋代范仲淹所写《和章岷从事斗茶歌》的前四句：“年年春自东南来，建溪先暖冰微开。溪边奇茗冠天下，武夷仙人从古栽。”彰显了武夷茶的悠久历史。脍炙人口的后两句，已成为武夷茶对外宣传最经典的诗句。

（四）大红袍——武夷茶的王者

本文镌刻于武夷山景区九龙窠大红袍茶树旁的崖壁上。据《武夷山志》所载，1941年，吴石仙任崇安县县长，任期为1941～1944年。任职期间，吴石仙经常去辖内各地公务。每到一处，品尝新茶，逐渐感到大红袍非同凡响，因而倾心推介。1944年，吴石仙应武夷山天心寺住持方丈之邀，给大红袍母树题写“大红袍”三字。由马头岩石匠黄华友刻在茶树旁，包括凿岩壁上的踏步，共花工钱30方大米（约390斤）。以后大红袍逐渐声名远播，誉满中外。

大红袍石刻

（五）不见天——武夷名丛一奇观

在九龙涧的小道边有处奇岩，上突下嵌，面东背西。山泉在其下铺展成瀑，聚合为潭，古之山民在岩下种茶数株。此处日照极短，阴凉湿润……所以茶品质优异。文人墨客喻之为“不见天”。

不见天石刻

有趣的是，镌者在“见”字左边加了个“冥”，变成“覭”字，即“看不真切”的意思，是“见天”，还是“不见天”，叫人难以读懂。

（六）应接不暇——武夷茶事兴盛的印记

相传清康熙三十年（1691），建宁太守庞垲微服私访武夷，在四曲北岸码头茶馆休憩歇息。他目睹游人纷至，茶馆生意兴隆，很是高兴，即兴题勒“应接不暇”四字以记此盛况。其幕僚“乐太守之乐”，献媚而题勒“庞公吃茶处”于丹岩之上。

庞公吃茶处石刻

另有人戏解此摩崖说：庞公等进茶馆后，因茶客众多，馆主只得按先后顺序上茶。这样必然怠慢太守，庞公还算有些雅量，不予计较。其幕僚却是不满，即在岩壁上书“庞公吃茶处”五字。馆主得知庞公乃太守后，甚是恐慌和后悔，只得在其傍书写上“应接不暇”四字，以表歉意。此事传至府第，太守深夸馆主聪慧、民间将此作为美谈传播。

应接不暇石刻

（七）茶灶——朱熹煮茶处

九曲溪之五曲中，有一块独立水中的小石岛，高约3米，上可坐数人。这块小石岛为朱熹所特别钟爱，常与友人在此观景品茗。朱熹一生大部分时间在福建武夷山茶区度过，对武夷茶情有独钟，与茶结缘甚深，为此朱熹还写下了著名诗作《茶灶》：“仙翁遗石灶，宛在水中央。饮罢方舟去，茶烟袅细香。”描写诗人行至水中礁石上，用它做茶灶煮水煎茶，分享大自然的这份赐予，其乐无穷。相传，石上刻的“茶灶”二字，就是朱熹题字，命人镌刻于石上。

茶灶石刻

（八）半天腰——将错就错的茶名

半天腰植于九龙窠南面的三花峰的第三峰顶，地势陡峭，极难攀登，是武夷茶中立地最险要之处。传说此茶系一种体健善于高飞的鹰类——鹞子衔的茶籽落于此所长，故“半天鹞”品质极佳。

后不知何人将其名改为“半天妖”，可能喻之有如神怪；又有人改之为“半天夭”，好似欠点文化，若不是有意诅咒它“夭折”，就是“妖”“夭”不分；也可能是世人形容它居位之高，又改其名为“半天腰”，系当地人的口头语，看似俗了一点，但也通顺，而今已广而用之，既成定俗。

半天腰石刻

（九）布告石刻——保护茶叶生产者利益的檄文

武夷茶历经唐宋元明的发展，声望日增，至明末清代已蜚声海内外。因此，当地衙门蠹役、地方恶势等便短价强买，或白拿索要，搞得当地茶农、僧道叫苦不迭，诉之于上官。福建两院道司提督、建宁知府、崇安正堂先后五次颁布告示，以惩治、告诫贪官无赖，保护茶农、僧道利益。当地县衙、沾恩僧道及茶家便将告示镌刻于武夷山行人必经之处的崖石上，以警戒贪欲之辈。

第一幅是刻在七曲金鸡社之岩壁的建宁府告示。这是武夷山中现存最早的一道有关保护茶农利益的官府布告，也是最大的，文字最多的摩崖石刻。成于明万历四十三年（1615），幅面200×570厘米，距地面高430厘米，字数近千，是五幅中字数最多者。

两院司道批允兑茶租告示

第二幅福建分巡延、建、邵道按察使司告示，刻在四曲之题诗岩上。福建按察使司白某访得崇安县屡次发生"衙门蠹役、势恶土豪勾通本地奸牙……称采买芽茶，百般刁指"的实情后，于清康熙三十五年（1696）特发布告，称对"不依民价，亏短勒索者要即行拿究""从重治罪"。算得上关乎茶农、僧道难处。

福建分巡延、建、邵道按察使司告示

第三幅石刻是福建陆路提督告示，同刻于四曲溪北题诗岩上。是在见到上司告示后，崇安县衙也即行颁告，算是"坚决贯彻上司指示"。

福建陆路提督告示

第四幅崇安县衙告示，刻于四曲的平林渡金谷岩上。清康熙五十三年（1714），福建省总兵左都督杨琳颁告衙门、各官买茶"应赴茶行照时价公平买卖""徜敢故违，一经查出，定行察究"。不但正示众蠹，也告诫官员，言简意赅。这是崇安县衙为保护茶农、茶僧，严禁无赖之徒倚势向茶农低价勒买茶叶的公示题刻。此告

崇安县衙告示

示镌刻于武夷山九曲溪四曲溪北金谷岩，现保存完好。

第五幅是块建宁府茶禁碑，立于游人必经之处云窝石沼青莲亭前。碑高180厘米，宽80厘米，为清乾隆二十八年（1763）建宁府告示，原立在星村渡口。该碑中还有两处珍贵文字，写到星村“松制”，其一云：即“星村茶行办理松制、小种二项，毋许丁胥、差役等人勒买”。

碑文上松制、小种茶以及三十六岩厂的记录，是了解崇安贡茶的重要史料。

清代茶禁碑

（十）制茶石刻——采茶制茶纪事题

元大德六年（1302），位于四曲溪南的武夷山御茶园建成，布局恢宏完备，题刻为建御茶园后四年，茶官等前来采茶焙制的纪事。

元至元十七年（1280），浦城县达鲁花赤（位在县尹之上的蒙古族官员）倚势越境命崇安县尹承办贡茶之事，并镌刻于四曲溪北题诗岩，东南向。两年后，即由崇安县尹办事，至是始设焙局，二十年后设御茶园于四曲溪南。

元至大三年（1310）镌刻于四曲溪北题诗岩，东南向。

作者于至大二年、三年两度进山监制茶，抽闲游山，镌石纪事。前此七年，已在四曲溪南设御茶园。

元大德六年（1302）镌刻于四曲溪北题诗岩，东南向。

詹文德题制茶石刻

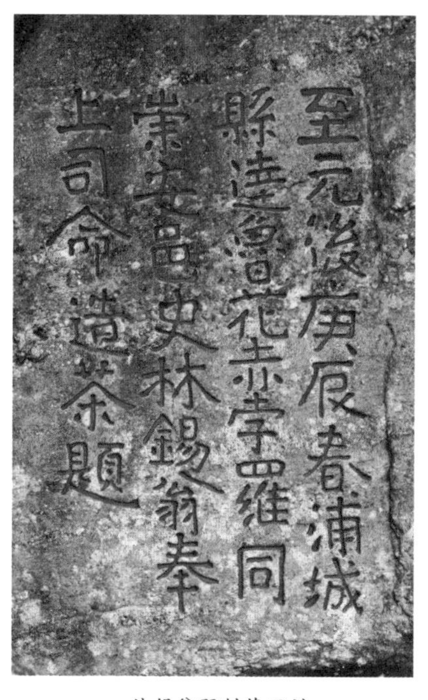
林锡翁题制茶石刻

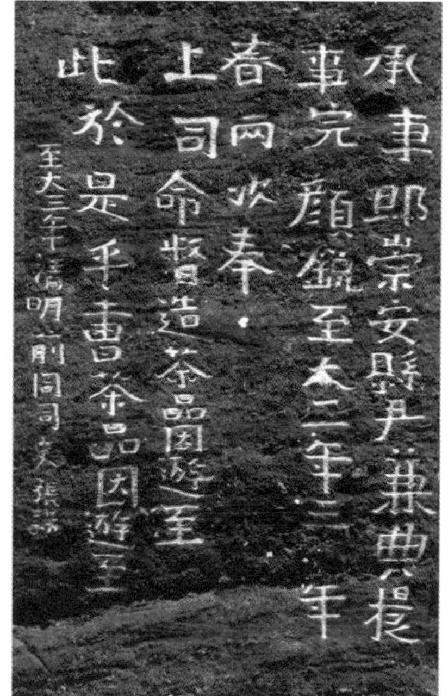
完颜锐题制茶石刻

林君晋题制茶石刻

第三节 何为岩韵

中国是茶的故乡，不同产区的茶类，有着不同的茶韵。善于品茶的人，都讲究品尝茶韵，特别是名茶的独特风韵。

武夷岩茶独一无二的“岩韵”，是茶人不断品饮茶过程中所获得的特殊感受，表现为香气丰富幽雅，滋味内涵丰富、润滑爽口，让人心旷神怡、舒适持久。岩韵是武夷岩茶的品质、风格、风味、气质，达到了同茶类中的最高品位，具有显著地域特征，是一种感觉，是好的象征，是一种境界，有香韵、味韵。

（一）古人对岩韵的评述

“臻山川精英秀气所钟，品具岩骨花香之胜。”武夷茶之岩韵，唯有这将大自然山川精英融汇一体的茶，才能在品味之时，有岩骨之滋味和芬芳馥郁之香气。“岩骨花香”概括了岩韵的本质。岩，茶树生长于碧水丹山环境；骨，茶汤内涵丰富之质感；花，武夷山伴茶而长的植物，如兰花、桂花、梅花等；香，茶香丰富幽雅，并有层次变化。“岩骨”就是以岩骨来比喻岩茶滋味的质感，花香就是岩茶香气的气质。

范仲淹《和章岷从事斗茶歌》曰：“斗茶味兮轻醍醐，斗茶香兮薄兰芷。”醍醐，是类似酥油奶酪一般的物质。他赞赏武夷茶的滋味，胜过美味无比的醍醐，认为岩茶入口，既醇厚，又快速在舌、两颊化开，产生生津和回甘的舒适感，这就是超越醍醐的意思。“兰花”是花中君子，其香号称王者之香，以香气幽雅而闻名，武夷茶香胜过清幽高雅的兰芷，更加细腻和幽长，倍增其气韵。

梁章钜之《归田琐记》中，把武夷岩茶之风韵归纳为“活、甘、清、香”，这四字已把武夷岩茶之精华表达得淋漓尽致，尤其这四个字之中的

梁章钜《归田琐记》

"活"字，系指润滑、爽口，有快感而无滞涩感，喉韵清冽。

乾隆皇帝《冬夜煎茶》诗中写道："就中武夷品最佳，气味清和兼骨鲠。""品最佳"是对武夷茶的肯定，"气味清和兼骨鲠"是对香气和滋味的品鉴描述。"清和"既是对香气评述又是对滋味评述，表现香清幽、味醇和美；"骨鲠"本义是形容人之刚直的性格，是对滋味的评定，"骨鲠"是茶汤物质丰富、味觉很物态的刺激感，这里的"骨鲠"即"岩骨"之意。

袁枚在《随园食单·茶酒单》中，从所用的茶壶、茶杯到品茶程序、感觉与武夷茶的品质特点均做了详细而生动的描述："上口不忍遽咽，先嗅其香，再试其味，徐徐咀嚼而体贴之。果然清芬扑鼻，舌有余甘，一杯之后，再试一二杯，令人释躁平矜，怡情悦性。"谈到武夷岩茶的韵味，他在慢饮细啜中，把武夷茶比作美玉，把龙井和阳羡茶比作水晶，说明它们的韵味各有独到之处，来对"岩韵"加以评述。

（二）当代人对岩韵的评述

当代茶圣吴觉农说：品具岩骨花香之胜，味兼红茶绿茶之长。

茶界泰斗张天福说：乌龙茶的制茶工艺源于武夷岩茶，由于武夷山独特的自然环境熏陶，遂使武夷岩茶品质具有特殊的"岩韵"，即香味相结合，品饮后有回味（喉韵）余韵犹存，齿颊留芳。

著名茶学家林馥泉用"山骨、嘴底、喉韵"来描述"岩韵"。岩茶之佳者，入口须有一股浓厚芬芳气味，过喉均感润滑活性，初虽稍有茶素之苦涩味，过后则逐渐生津，岩茶品质之好坏，几乎取决于气味之良劣。

当代篆刻书法家潘主兰也作诗赞道：岩茶风韵不寻常，活甘清香细品尝。解得此中梁氏语，《归田琐记》却精详。

武夷岩茶泰斗姚月明说：品饮岩茶首重"岩韵"，岩茶香气馥郁，具幽兰之胜，锐则浓长，清则幽远，味浓醇厚，润滑回甘，有"味轻醍醐，香薄兰芷”之感，正所谓“品具岩骨花香之胜”。

著名女茶学教育家戈佩贞说：武夷山茶人将武夷岩茶的气味提升为韵味，韵源自岩，又将优质岩茶所特有的韵味升华为“岩韵”，这是武夷茶人品饮史上的伟大创举。从古至今，品尝武夷岩茶已成为一件极富诗兴雅意的赏心乐事，为广大文人雅士所崇尚。也正因为用“岩骨花香”四个字来诠释的“岩韵”而醉倒折服了众多的茶人、茶友。

武夷山茶农、茶人常用“有骨头”“山骨”“水底厚”“不薄”“有东西”“回味长久”“齿颊留香”“过喉润滑”等朴实术语来表达武夷岩茶的“岩韵”。

体验“岩韵”的过程，其实就是品鉴岩茶时的审美过程。岩茶的品质越好，品茶者对岩茶的了解、体会以及茶文化修养越高，在品茶活动中产生的美感越强。到了这个境界，“岩韵”就很难用语言来概括和形容，只能用心去体会那种“只可意会不可言传”的美妙感官感觉。

（三）岩韵是武夷岩茶的魅力所在

武夷岩茶素以“岩韵”著称于世。“岩韵”是武夷岩茶的底蕴和内在魅力，使其从众多茶类中脱颖而出，令人为之追捧，为之倾倒，为之神往，耐人寻味。茶人往往以品武夷岩茶中“岩韵”为弥足珍贵，至高享受，博大精深。“岩韵”也是老茶人的毕生追求、无法穷尽的魅力。武夷岩茶的“岩韵”品质、对人体的保健功能和悠久灿烂的武夷茶文化底蕴，创造了千回百转市场持久不衰的神话。

武夷茶宴

第四节 茶宴茶膳

茶宴又称茶会，是以茶代酒作宴，宴请款待宾客之举。茶宴始于南北朝，兴于唐代，盛于宋代。早在三国时代，我国就有“密赐茶以当酒”之说，即以茶待客。

武夷山盛产岩茶，而且历史悠久，品质优异，独具“岩骨花香之胜”。“武夷茶宴”以茶入菜，就地取材，在名厨好手不断探索与实践中选优汰劣，巧妙地将武夷茶与闽北山珍特产融合，以茶代酒，举杯品茗色、香、味独具的茶韵。它不仅体现出“清、简、和、俭”的茶文化精髓和行事理念，也是浪漫的武夷山人在用一道道美食诉说茶的故事。

20世纪80年代，武夷茶宴逐渐开始用于旅游接待，经千年演变，现今的“武夷茶宴”由二十余味菜品、十余种糕点组成，用料考究，制作精美，具浓郁武夷特色，也是武夷山当地人十分喜爱的美食。90年代以后，武夷茶宴在选取茶叶上，并不局限于红茶和乌龙茶中精品的岩茶，有时也把绿茶纳入菜肴。这样，能根据客人脾胃的温凉调适，绿茶性凉，红茶火厚，乌龙茶不凉不火，各取所需。

中餐特色美食名录证书

武夷山市餐饮烹饪行业协会

武夷茶宴

列入中餐特色宴席名录

证书编号：CCA-C100059

2023年11月

武夷茶宴荣誉证书

“武夷茶宴”一直以来深受各界食客们的钟爱：2021年4月，其被列入第五批武夷山市级非物质文化遗产项目；2023年10月，被列入南平市第十批非物质文化遗产项目。2023年11月，经中国烹饪协会专家组评审认定“武夷茶宴”宴席正式列入中餐特色宴席名录。

武夷茶宴菜式制法繁多，蒸熘爆炒焖炖等都能派上用场，或利用茶汁，或利用青叶、片叶生炸，研末烹汤，切叶混炒，或以茶为主料，或为配料，大抵有以下几种：

化茶叶为菜肴

武夷岩茶味醇和鲜灵，又有着清纯幽远的香味。因此，直接用茶叶来做菜是最合适不过的了。“大王献宝”便是用面粉等食材包裹茶叶精制而成，“凉拌茶面”则将茶碾成粉末后搅拌以其他佐料后烹饪出锅。

茶汤入肴

由于菜的秉性天赋各异，因此也不是所有的茶叶都适合用来做菜的。但把茶汤、茶汁与菜肴一同烹制，同样可以使菜肴带有浓郁的茶香。像“红茶银耳”这道汤，就让人闻其名而知其味。

以茶代薪

把武夷岩茶代替薪柴，熏烤出的菜肴别具一番清香与风味。“老丛烧排”，顾名思义，就是将猪排以武夷岩茶作为薪柴熏烤熟后再浇上汤料而成，肉香味中夹带着一股茶香，食之别有风味。

武夷茶宴，独具武夷茶独特的清香与韵味，味清不腻，食之齿颊留香。武夷茶宴中的菜肴味道大都比较清淡，不能大嚼大咽，需像品茶一般品味茶美食，心要静，气要平，以悠悠之心对待眼前茶食。食罢茶宴，可以感觉就像肠胃得到了一次饮食的清理，而没有一般盛宴后的沉重负担。

菜品介绍

武夷风味茶冻

用大红袍茶、正山红茶来制作，口感爽滑并有茶的独特清香，是清凉可口的美味小吃。

大红袍茶叶蛋

作为茶叶蛋中的状元，大红袍茶叶蛋绝对是茶叶蛋中的翘楚，趁着热气，顺着茶水煮后的裂纹剥开蛋壳，白白的蛋身上因为汤汁的浸泡，渲染上了色泽深浅不同的纹理，交织着，环绕着，像一片开片的古钧瓷片，又像一道闪电闪过照耀在一颗颗茶蛋上。一口咬下，蛋白嫩弹、蛋黄软糯，而浓郁又独特的茶香随着蛋的香沁人心脾。

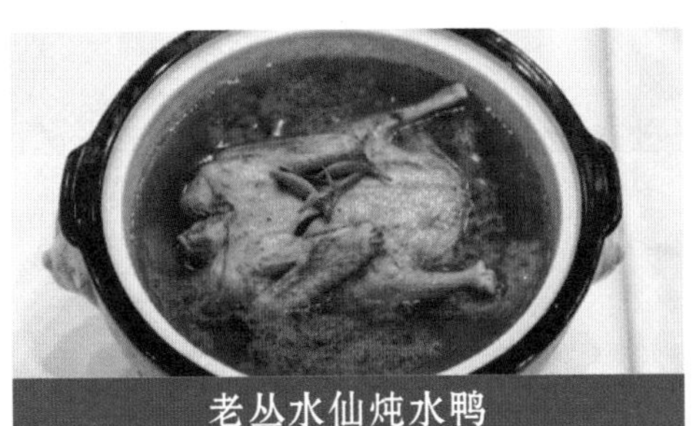

老丛水仙炖水鸭

老丛水仙是武夷岩茶中之望族，栽培历史数百年之久。在闽北优质生态环境中放牧式养殖的水鸭，鸭肉口感细腻且有韧性。炖汤后香味浓郁、鸭肉鲜美，且营养价值高，可起到温中益气、补充能量的功效。

牛栏坑肉桂炖牛肉

肉桂是武夷岩茶的主要品种，因其香气滋味有似桂皮香而得名，牛栏坑肉桂是最好的肉桂之一，香气厚重、霸气、浓郁。将优质牛肉以“肉桂”茶汤进行浸泡，煎制后浇上秘制茶汤酱汁，肉质爽嫩、茶香可口。

红袍三味花蝶

茶香鸡是童子鸡配以丰富的辅料和茶香，清爽开胃；凉拌竹耳具有清爽可口，营养丰富的特点，尤其适宜夏季食用；茶香虾是以茶叶和虾为食材的一道菜，软嫩咸鲜、茶香味浓。

大红袍奶茶

好茶底成就好奶茶。以大红袍茶汤的香醇为基底，进而做成大红袍奶茶，既有奶的香浓，又有茶的醇香同时营造出更加丝滑的味道。茶香配奶香，不腻，纯香。

铁罗汉酿笋尖

铁罗汉，武夷岩茶四大名丛之一，是茶中珍品。笋尖取自中国竹子之乡建瓯。入“铁罗汉”汤炒制、调味，口感味美清脆，含有大量的维生素及矿物质。

白茶菌菇炖条排

政和白茶是福建省政和县特产，中国地理标志产品。闽北花猪是顺昌县中国地理标志产品，肉质细嫩、紧密富有弹性，肉香醇厚。精选条排与菌菇炖汤，带着白茶的清香，回味绵长。

茶香高汤小刀面

松溪绿茶是福建省松溪县特产，绿茶手工汤面选用上等松溪“绿茶”取代水。手工擀面，将绿茶调好味，最后将煮熟的茶汁手擀面加入即可，此菜清新爽滑，茶汤香溢。

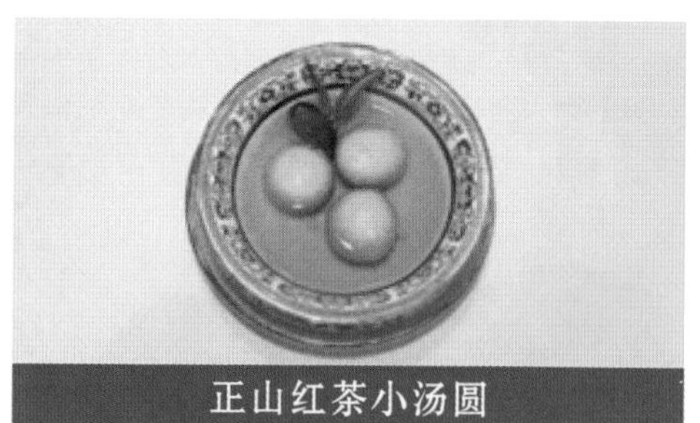
正山红茶小汤圆

正山小种野茶特指生长于武夷山国家公园海拔1000~1200米的野生红茶，选取优质浦城糯米制作汤圆，捞起后放碗中，把泡好茶汤冲入即成，香味浓郁，风味独特。

水金龟蒸红眼鱼

水金龟，武夷岩茶四大名丛之一，是茶中珍品。武夷山红眼溪鱼，学名光倒刺鲃，生长在优质溪水中，鱼肉细嫩、鳞片可食用。用新鲜茶叶与茶汤密蒸，肉质坚实细嫩，味道鲜美，营养丰富。

山茶油炒三蔬

选用武夷山有机菜心、云耳、胡萝卜，加入顺昌原生态茶籽油快炒而成，此菜清新爽口，茶香四溢，可谓“素中之荤”。

岩骨花香烤羊排

先将羊肉和茶汤浸泡，后把羊肉调味挂脆浆炸制，此菜香脆可口，蛋白质含量高。

武夷山文创雪糕

雪糕以武夷山独有的文化元素为背景，口味有两种，优质的原料加匠心的调配，浓郁丝滑。

第八章 独特的健康价值

茶叶成分复杂，目前已知的有500多种有机化合物，功能性成分丰富，具有多种医疗保健功能，不仅有明显的药效作用，而且是比较完美的营养综合剂。茶叶有益于人们思维，也是目前世界上最适用、最方便、最广泛的健康饮料。

第一节 茶叶健康密码

中国是发现和利用茶最早的国家，从“神农尝百草，日遇七十二毒，得茶而解之”开始，到汉代司马相如的《凡将篇》把茶叶视为20多种草药之一，再到陆羽在《茶经》中提到苦荼久食、益意思、轻身换骨，治瘘疮、利小便、祛痰渴热、令人少睡，李时珍在《本草纲目》中记载茶性味苦甘、微寒无毒，主治瘘疮、利小便、祛痰热、止渴、令人少睡、有力悦志，下气消食，破热气、清头目，合醋治泻痢。历代都有茶叶药用的记载。

茶叶成分的功能作用

世界各国对茶叶成分的功能作用研究始于19世纪40年代，当时主要是对茶在冲泡后萃取物的化学成分（如咖啡碱和茶多酚）进行研究。直至20世纪20~60年代，基本上停留在对茶叶化学成分的研究及个别利用方面的探讨。对茶及其内含化学活性成分的功能研究，是近几十年来逐渐兴起的。

茶中含有茶多酚、咖啡碱、茶氨酸、茶多糖等功能成分，有抗氧化、抗辐射、抗癌及调节血脂、血压和血糖等生理功能，是公认的健康食品之一。

1.茶多酚及其氧化产物

多酚类及其氧化产物可直接清除自由基，避免氧化损伤。此外，茶多酚及氧化物可通过作用于产生自由基相关的酶类和络合金属离子，间接清除自由基，发挥抗氧化作用。茶多酚及氧化产物的抗氧化作用，使其可用于延缓衰老、预防阿尔茨海默症及保护肝脏等方面。同时，它还能降血脂、降血压、增强免疫功能、抑制突变和癌变、抑菌消炎、抗病毒、抗辐射等。总之，茶多酚的生物学作用多种多样，只有对之全面了解，才能在其开发利用方面有新的突破。

2.茶叶咖啡碱

咖啡碱能兴奋中枢神经，主要作用于大脑皮层使精神振奋，工作效率和精确度提高，睡意消失、疲乏减轻。咖啡碱具有松弛平滑肌的功效，可使冠状动脉松弛，促进血液循环。咖啡碱可用于哮喘病人支气管扩张剂，因而在心绞痛和心肌梗塞的治疗中，茶叶可起到良好的辅助作用。但同样剂量下咖啡碱的效果不如茶叶碱。同时，咖啡碱通过刺激肠胃促使胃液的分泌，从而增进食欲，帮助消化，还可促进机体代谢，使儿茶酚胺含量升高，促进脂肪代谢。

3.茶氨酸

茶氨酸是茶鲜爽味感的主要成分。化学构造上与脑内活性物质谷氨酰胺、谷氨酸相似。因此，茶氨酸对人体神经系统的影响受到极大关注。茶氨酸可使神经传导物质多巴胺显著增加，而多巴胺在脑中起重要作用，缺乏时会引起帕金森症、精神分裂症，所以，茶氨酸对帕金森症和传导神经功能紊乱等疾病起预防作用。同时，茶氨酸通过影响脑和末梢神经的色胺等物质起降血压作用。茶氨酸具有提高抗肿瘤药物的疗效使癌症治疗有新的发展，可利用茶氨酸来减少毒性强的抗癌药物剂量，减少其副作用，使癌症治疗变得更安全有效。此外，茶氨酸可缓解女性经期综合征，包括头痛、腰痛、胸部胀痛、无力、易疲劳、精神无法集中、烦躁等，这可能与茶氨酸的镇静作用有关。

4.茶多糖的功能

茶叶活性多糖是由葡萄糖、阿拉伯糖、半乳糖、木糖及果糖等组成的聚合度大于10的复合型杂多糖。茶多糖有降血糖、降血脂、降血压、增强免疫和防治心血管疾病等作用。

第二节 武夷茶保健功能

现代医学研究证实，饮茶的保健作用可以归纳为兴奋提神，利尿止痢，坚齿防龋，去腻健骨，抗衰明目，消炎解毒，降低血脂，降低血糖，抑癌抗癌等十大功能。

茶叶皆有良好的保健功效，而诸茶皆性寒，胃弱食之多停饮，惟武夷茶性温不伤胃。武夷岩茶兼具绿茶之清香，红茶之甘醇，是中国乌龙茶中之极品，其所含具有保健功能的物质，相当部分比其他茶类更高更丰富。古今中外许多有识之士，对武夷岩茶的保健功效，都给予充分高度的评价。

赵学敏在《本草纲目拾遗》中说："武夷茶出福建崇安。其茶色黑而味酸，最消食下气，醒脾解酒。"并引单杜可的说法："诸茶皆性寒，胃弱者食之多停饮，唯武夷茶性温不伤胃，凡茶癖停饮者宜之。""破热气、除瘴气、利大小肠。"《救生苦海》说："乌梅肉、武夷茶、干姜为丸服之，治休息痢。"

早在19世纪中叶，欧美茶叶专家学者经化学分析，就从武夷岩茶中分离出一种与众不同的物质。如1847年罗莱特在茶叶中发现"单宁"（儿茶素）并从武夷岩茶中分离出"武夷酸"。1861年哈斯惠茨证实武夷酸乃是没食子酸、草酸、单宁和槲皮黄质等的混合物。由此可见，武夷岩茶所含的化学成分，具有药理功能和营养价值的物质。

著名茶学家陈椽在《茶叶商品学》一书中写道："福建武夷岩茶，温而不寒，提神健胃，消食下气解酒，治痢，同乌梅、干姜为用，也是南方治伤风头痛的便药。还可用于防治癌症，具有降低胆固醇和减重去肥的功效。"

当代百岁茶人张天福曾说自己的长寿秘诀就是喝茶，经常喝茶可以长

张天福108岁题“茶寿茶”

寿，有益健康，他就是活标本。“何止于米，相期以茶”，张老活到108岁，享茶寿。事实证明，常饮武夷岩茶，能益寿延年。

根据福建农林大学林金科、袁弟顺等人的研究成果，武夷岩茶（大红袍等）中，茶多酚、茶多糖、茶氨酸三种有益成分含量特别高。茶多酚含量达17%~26%，具有保健功能的核心成分EGCG（表没食子儿茶素没食子酸酯）含量达8.18%。目前，EGCG无法人工合成，茶叶是EGCG在生物界中的唯一来源。茶多糖含量达1.8%~2.9%，是红茶的3.1倍、绿茶的1.7倍。茶氨酸的含量达1.1%。茶氨酸是茶叶特有的氨基酸，具有多种保健功能。

（一）EGCG的主要功能有：

1.诱导抗癌基因的高表达，诱导致癌基因的低表达。

2.EGCG能与胆固醇酶相互作用，从而抑制胆固醇的吸收。

3.对亚硝酸基的消除率达96.9%，对N-亚硝胺合成的阻断率达98.6%。（消除致癌因子）

4.EGCG具有再生体内高效抗氧化剂的功能。能保护和修复细胞的抗氧化系统。

5.具有消除活性氧自由基的作用，其活性为等量的VC的4.93倍。

6.EGCG可激活抗氧化酶系-SOD、GSH、CAT，这三种抗氧化酶对自由基有着高效的清除作用。

7.EGCG具有抗变异作用。（抗辐射损伤作用）

（二）茶多糖含量达1.8%~2.9%，是红茶的3.1倍、绿茶的1.7倍。茶多糖具有增强机体免疫力、降血糖、抗凝血（抗血栓）等生理功能。

（三）茶氨酸的含量达1.1%。茶氨酸是茶叶特有的氨基酸，具有增强

记忆力、使人放松、镇静、保护神经细胞、预防脑栓塞、脑卒中、脑缺血，以及阿尔茨海默病等疾病降血压、提高免疫力等功效。

武夷岩茶含有比其他茶类更丰富的保健功能物质，是源于茶叶中所含具有药理作用和营养价值的成分，因茶类、品种、产地、制作工艺和栽培管理不同含量有很大差异。武夷岩茶特有的焙制工艺，通过炖火，低温久烘，使香气更加馥郁，滋味更加甘醇。而岩茶生长在岩壁沟壑烂石砾壤中，经风化的砾壤具有丰富的矿物质供茶树吸收，不仅滋养茶树，而且岩茶所含的矿物质微量元素也更丰富，如钾、锌、硒的含量较多。

中国工程院院士刘仲华主编的《武夷岩茶品质化学与健康密码》一书中，具体论述了武夷岩茶的“六大健康作用”（节选）：

通过分析中国健康水平大数据，结合对不同品种、不同年份、不同区域武夷岩茶的健康功能研究，得出品饮武夷岩茶具有“六大健康作用”：一是降脂减肥作用。能显著降低血清中血脂和炎症水平，改善肝脏脂质代谢，抑制肝脏脂肪变性。二是降血糖作用。武夷岩茶可降低糖尿病小鼠空腹血糖水平，增加糖耐量，抑制葡萄糖负荷后血糖值升高，提升肝脏中抗氧化酶活力，有效调节糖脂代谢相关基因的相对表达量。三是免疫调节作用。对免疫功能具有正向调节作用，可作用于机体的免疫器官、免疫细胞、免疫分子。四是调节肠道菌群作用。武夷岩茶可促进抗生素诱导的四种肠道菌群失调恢复到正常状态，对肠道微生物具有显著的平衡作用。五是延缓衰老作用。武夷岩茶可延缓皮肤细胞衰老，可在热应激、氧化应激条件下延长线虫寿命，增强机体运动机能。六是降尿酸作用。武夷岩茶能降低高尿酸的肾脏指数，抑制尿酸在肾脏的重吸收，下调尿酸重吸收转运体的基因表达。

第三节 武夷茶乡疗愈

（一）茶乡疗愈九式

武夷山是世界乌龙茶和红茶的发源地，中国茶文化艺术之乡，这里厚重的历史文化底蕴、世代传承的人文资源，使这座城市处处飘着茶香，处处可以感受到浪漫武夷，风雅茶韵。

南平创新推出以“住茶宿、吃茶膳、行茶径、品茶趣、探茶乡、泡茶汤、赏茶戏、习非遗、学茶舞”为内容的“茶乡疗愈九式”主题旅游线路。体验“茶乡疗愈九式”有助于愉悦身心、调节性情。2023年，该线路被评为“十条最美茶乡之旅推荐线路”。

住茶宿

武夷山的茶宿，有茶香、茶空间、泡茶水、茶点、茶洗浴用品、围炉煮茶等规范配置，你可以栖居山谷间、茶园里、水岸边的茶宿，体验接触自然、回归自然的宁静。

茶空间

茶民宿

吃茶膳

武夷美食与茶的动人邂逅自古有之。巧用武夷茗茶之色、香、味、形，料理本地所产生态食材，一道道制法古朴，风味原始的茶膳历经千年跌宕，得成当今武夷茶膳。“茶为万病之药”，茶膳不仅是舌尖之趣，文化之馐，亦是养生之道，到武夷山品武夷茶膳，是不容错过的独特体验。

茶膳

行茶径

武夷山分布众多茶古道，古道上茶花香扑鼻、负氧离子高，适合漫步慢游、清心洗肺。人生忽如寄，莫负茶汤好天气，看看有哪些充满茶香的旅行之路吧。

◆岩骨花香漫游道

水帘洞口→天车架→慧苑→流香涧→母树大红袍→大红袍停车场

流香涧石拱桥

◆洞天仙府漫游道

大红袍停车场→马头岩→磊石精舍→悟源涧→ 胡麻涧→天游峰顶→中正公园→桃源洞→云窝→天游停车场

马头岩

天游峰

◆岸上九曲漫游道

星村渡头→燕子窠生态茶园→道院洲→鼓楼坑口→桃源洞路口→云窝→武夷精舍→天游停车场

燕子窠生态茶园

武夷精舍

品茶趣

武夷山有各式风格的茶馆、茶庄园，可在此品鉴欣赏武夷茶的风韵，品味茶乡文化，同时通过在茶庄园中品茗，能够吸收茶叶中的钾、钙、镁、锰等矿物质和微量元素，提神醒脑，增强身体机能，缓解疲劳。

香江茗苑

探茶乡

武夷山是著名的茶乡，拥有良好的生态环境，在茶园里打卡，让忙碌的身心尽情放松，尽享山水养眼、清爽养肺、运动养身、文化养心之福。

下梅村

泡茶汤

茶叶中含有茶多酚、茶碱等物质，能有效缓解心脏的负担。在温泉中加入茶叶，用茶叶泡澡可以提高身体的新陈代谢，具有行气、活血、舒筋、通络、止痛等功效。所以泡茶汤也成为当下放松休闲的热门项目。

茶汤池

赏茶戏

置身于山水中，观看一场实景表演，能够放松心情，刺激脑神经，活跃大脑，有助于嗅觉、味觉、视觉等感观认知功能的恢复。

印象大红袍山水实景演出

习非遗

武夷岩茶传统手工制作技艺，历史悠久，凝聚武夷山先民集体智慧。在学习体验的过程中，能够增强手、眼、心的专注力，既增进人体机能的协调性，又陶冶了性情。

摇青

捣茶

学茶舞

武夷茶舞是具有武夷山茶文化特色的民间舞蹈原创作品，全套共四组动作，融入采茶、挑茶、摇青、冲泡、敬茶、品茶等姿态，是集武夷山传统茶文化、制茶技艺为一体的健身舞蹈。通过练习，可以增强身体稳定性、灵活度，达到有氧练习的同时，又可愉悦身心。

武夷茶舞

有武夷山清甜的茶，有临山伴水的“家”，有美味健康的茶膳，有舒缓身心的茶汤沐浴，有森呼吸洗心肺的漫游道，有人文技艺的非遗体验，有说走就走的旅行……便是“武夷山水一壶茶”这首诗。

★住茶宿体验点推荐：

武夷山大红袍山庄 / 福莲茶庄园 / 武夷·椿泊度假酒店
谷雨谷雨民宿 / 安澜·岛酒店 / 武夷山不知春斋民宿
悦武夷酒店 / 陶然有山民宿 / 一山伴水度假别墅
清凉地民宿 / 六尚·水岸山色客栈 / 武夷山一同山居

★吃茶膳体验点推荐：

福莲茶庄园 / 悦华酒店 / 太伟风景酒店 / 嘉元千禧度假酒店
武夷山庄 / 武夷·椿泊度假酒店 / 泓林大酒店 / 佰翔花园酒店
望峰花园酒店 / 中维海晟大酒店 / 碧湖园餐饮 / 聚珍楼餐饮
武夷茶宴

★品茶趣体验点推荐：

福莲茶庄园 / 武夷星·茶之旅茶庄园 / 武夷香江茗苑 / 茶言精舍
正山堂茶庄园 / 溪谷留香茶书院 / 香甘厚大众茶馆 / 宋街大众茶馆
皇龙袍大众茶馆 / 九龙湾贡茶大众茶馆 / 印象建州大众茶馆
壶光山舍大众茶馆 / 九龙窠大红袍传习所

★探茶乡体验点推荐：

万里茶道起点——下梅村　正山小种的发源地——桐木村
武夷岩茶第一镇——星村镇　老丛之乡——吴三地
燕子窠生态茶园　大坪洲生态茶园　半月山生态茶园
南源岭仙茗生态茶园　旗山生态茶园　桐木生态茶园

★泡茶汤体验点推荐：

印象·泰自然茶汤温泉酒店 / 温德姆花园酒店
一曲相思矮胡度假酒店 / 且慢山居民宿
印主题温泉别墅客栈 / 美凯温泉酒店

★赏茶戏体验点推荐：

印象大红袍山水实景演出 / 宋街“风云聚会”会馆

★习非遗体验点推荐：

香江茗苑 / 茶言精舍 / 皇龙袍茶庄园 / 骏德正山小种体验馆
瑞泉岩茶博物馆 / 桃渊茗非遗体验馆 / 武夷星茶文化博物馆

中华茶百戏研究院 / 武夷茶研习社
溪谷留香茶书院 / 九龙窠大红袍传习所

★学茶舞体验点推荐：

茶博园 / 景区南入口 / 苏闽广场

（二）茶旅精品线路

近年来，武夷山将茶产业作为本市的主导产业，注重从一产向一、二、三产融合延链打造。注重打造茶乡线路和茶研基地，积极推出茶园生态游、茶乡体验游、茶保健旅游、茶事修学游等茶文化旅游线路，重点培育一批以采茶、制茶、品茶为内容的旅游体验项目，不断丰富茶叶生产、茶艺表演、茶文化交流等旅游活动。相继推出大红袍溯源之旅、燕子窠生态茶园之旅、万里茶道起点寻访之旅、“岩骨花香”漫游道打卡之旅、武夷红茶解秘之旅、武夷岩茶核心产区徒步之旅、吴三地老丛探寻之旅等8条茶旅融合线路。重点扶持香江茗苑、武夷星中华茗园、正山堂综合实践区、海丝茶业文创园、瑞泉茶文化体验馆等一批集茶叶加工、旅游观光、品牌文化宣传为一体的工业旅游项目。

采茶体验

竹筏饮茶

茶文化建设一直受到政府和民间的重视，在政府和民间组织的共同配合下，武夷山在具备自然资源的基础上，已建成和发展起来的茶文化相关资源也非常丰富，能够作为打造世界级茶文化交流中心的基础。

武夷山茶文化优势资源点

基本类型	优势资源点
自然风景	观光茶园、特色茶区；岩骨花香等十条漫游道

续表

文化古迹	遇林亭古窑遗址、万里茶道起点下梅村、岭阳关古茶道、大红袍祖庭、御茶园遗址
茶事建筑	中华武夷茶博园、茶博物馆（在建）、茶空间、特色茶馆茶楼、茶文化酒店、茶文化街、非遗技艺展示馆等
风土人文	茶博会、印象大红袍、茶艺表演、斗茶赛 、喊山祭茶、武夷茶宴等

燕子窠生态茶园示范基地

【线路】：燕子窠生态茶园入口处→习近平总书记调研处（习近平总书记与科特派交流处、习近平总书记与茶农交流处）→燕子窠古茶道

武夷山市星村镇燕子窠。燕子窠位于燕子峰山脚下，燕子峰为武夷山九十九岩之一，地处于章堂涧之南，岩势飞翔，富有动感。

燕子窠间作绿色栽培模式

2021年3月22日，习近平总书记踏访星村镇燕子窠生态茶园示范基地，察看春茶长势，了解武夷山茶产业发展情况后，点赞了当地茶产业：“武夷山这个地方物华天宝，茶文化历史久远，气候适宜、茶资源优势明显，又有科技支撑，形成了生机勃勃的茶产业。”并对武夷山继续做大做强茶产业寄予殷切希望：“要把茶文化、茶产业、茶科技统筹起来，过去茶产业是你们这里脱贫攻坚的支柱产业，今后要成为乡村振兴的支柱产业。”

“三茶”体验馆全景图

参观期间可主要了解燕子窠生态茶园种植模式，就是“夏种大豆、冬种油菜”的间作绿色栽培模式。

燕子窠古茶道作为“万里茶道”的一段，清朝福州马尾港口通商之前武夷山生产的茶，集中在星村镇贸易。天心岩、马头岩、慧苑坑、磊石岩、弥陀岩、竹窠、铁栏、青狮、莲花峰、鼓子峰等地生产的武夷茶都经过燕子窠古茶道挑到星村镇茶市售卖。

“岩骨花香”漫游道

【线路】：度假区→景区北路口→大红袍停车场→九龙窠→九龙茗丛园→不见天茶树→母树大红袍→清凉峡→倒水坑→流香涧→慧苑坑→水帘洞停车场

流香涧

“丹山岩韵”茶文化线路

——游丹山、识茗种、品岩韵

【线路】：牛栏坑→不可思议→鬼洞→慧苑坑→流香涧→大红袍母树→九龙茗丛园→九龙窠石刻群→品岩韵

大红袍母树

遇林亭窑址

【线路】：遇林亭窑址→展示馆→古作坊遗址→一号窑炉→二号窑炉→品茶小亭

遇林亭窑址

中华武夷茶博园

茶博园（大红袍体验中心）由：一台戏——印象大红袍山水实景演出，一座园——茶博园，一个馆——武夷茶研习社，一条街——集美食餐饮、民俗演艺、特色选购、娱乐休闲为一体的印象天街组成。

茶博园

茶博园总体分为景观园区、地下广场、山水实景演出观赏区、茶博馆和游人服务中心等五个部分。在这面积约7.8万平方米的园区里，集中展示了武夷茶悠久的历史、神奇的传说、精深的工艺；以“浓缩武夷茶史，展示岩韵风姿”为设计主题，通过历代名人的记叙、历史画面的再现、茶艺的互动表演，让大家领略到武夷茶深厚的文化底蕴和诱人的岩骨花香。

茶博园

武夷茶研习社

本展馆共有五个展区，二楼分布的三个展区分别为：一片茶叶展区、一卷茶书展区、一条茶路展区；一楼分布的两个展区分别为：一堂茶课展区、一席茶座展区。

武夷茶研习社

印象天街

印象天街是集美食餐饮、民俗演艺、特色选购、娱乐休闲为一体的旅游商业综合体，位于茶博园（大红袍体验中心）一楼，共有经典美食区、文化展示区、观光休闲区、特色售卖区“四大区块”。

“印象天街”旨在挖掘闽北民间美食经典，传承闽源饮食文化，让广大游客尝到真正健康、美味、有故事的闽源美食。在这里您将穿越回宋

印象建州

代，感受大宋盛世武夷繁华街景：一条九曲溪，两座朱熹亭，三大体验中心，四座城门，五座茶楼，九条街区，十二座廊桥的美好生态画卷。在这里您可以品尝到200多种非遗美食，同时您还可免费欣赏到千姿百态的民俗演艺，在千人同品开城敬茶礼仪的巨大茶盘前，感受武夷山人热情好客之道。

武夷山云河漂流

——慢游云河 品茗山水

以“慢游云河、品茗山水”为主基调，该产品充分适应武夷山打造休闲慢生活的旅游主题，“漂着吃茶”：游览方式为乘坐3拼排，全程4.5公里，游程约55分钟，提供品茶服务，乘坐安稳舒适、视野开阔、可观山景、能赏水色、品茶赏艺，让您在“云里的时光、有茶的日子”里忘却红尘俗世的烦恼，充分感受武夷山“山水茶天人合一”的独特魅力。

云河漂流

万里茶道起点——下梅古茶市

【线路】：下梅→梅溪→祖师桥→当溪→茶市古街→镇国庙→邹氏家祠→晋商茶馆→邹氏大夫第→闺秀楼→达理巷→邹家茶府→参军第→儒学正堂→爱莲堂→隐士居→西水别业→景隆号码头→茶道广场

下梅茶市古街

茶百戏文化体验中心

中华茶百戏研究院由茶百戏传承人章志峰创立于2013年，位置位于国家旅游度假区内，是点茶茶百戏、茶室插花的研究和传承的专业机构，设有点茶原料研膏茶体验室、点茶、茶百戏、插花和日本茶道室等教学设施，承接点茶、茶百戏和插花的教学和实习、体验和游学，开办讲座和茶会雅集。

茶百戏体验

茶言精舍茶文化体验中心

茶言精舍，坐落于武夷山风景名胜区南星公路西侧（星村镇前兰村南山10号），建筑面积、配套茶树品种园、园林景观绿化等，总用地面积近百亩。是福建省农业厅大红袍制作工艺示范点、中华文化书院茶文化教学基地、北京求实职业学院茶文化教学基地。2018年，获福建省第十一批省级文化产业示范基地。茶言精舍整合了武夷山三教同山及国家公园、双世遗的诸多优势，打造深度茶文化体验、休闲康养和山水人文旅游的结合，是一个以国学、禅修、习茶、康养等为内容的文化交流平台。

茶言精舍习茶场景

遇林庄园茶盏体验中心

这里以孝道文化打造成中华传统文化大观园，在精神上提倡百善孝为先，在物质上以瓷、水、茶、旅、乐为载体，打造东方智慧生活方式。

遇林庄园

武夷香江茗苑茶文化观光园

武夷香江茗苑茶文化观光园属国家4A级旅游景区，并获得福建省首批观光工厂资格。景区占地面积170亩（另园区外还拥有茶山茶园3000多亩），总建筑面积6万余平方米，景区分为茶文化教育宣传区、传统手工制茶体验区、斗茶品茗休闲区，涵盖武夷茶文化博览馆、茶叶现代化生产工艺楼、传统手工制茶作坊、茗香湖中庭水景、茗丛品种园、休闲品茗阁、企业文化馆、产品展示厅、叶嘉茶馆、曲韵廊、问茶亭、茗战厅等游览参观点。

香江茗苑

斗茶场景

第九章 不朽的茶人精神

武夷茶文化之厚重，其茶人精神是重要维度之一。茶人事茶、惜茶，更有茶德的自律。张天福倡导的“俭，清，和，静”，庄晚芳提倡的“廉，美，和，敬”，以及姚月明所说的“茶品如人品，品茶如品人，茶如其人”，皆是其例。

第一节 古代茶人之道

陆羽《茶经》：“茶之为用，味至寒，为饮，最宜精行俭德之人。”此言奠定了中华茶道的基石，也是茶人品格的基础。后世受其启示，丰富了茶人的形象，但始终离不开“精行俭德”一词。中华茶业的发展与复兴，是历代茶人孜孜不倦奉献所致，其不朽的茶人精神蕴含了国人最基本的品行，与茶文化一道构建了中国传统文化的格局。

陆羽（733～804），唐竟陵（今湖北天门）人。曾诏拜太子文学，不就。一生嗜茶，精于茶道，以著世界第一部茶书《茶经》闻名于世，对中国茶业和世界茶业的发展作出了卓越贡献，被誉为“茶仙”，尊为“茶圣”，祀为“茶神”。宋张君房于天禧三年（1019）所著《云笈七签》中载有太子文学陆鸿渐曾写《武夷山记》一文，为陆羽晚年慕名来到武夷山时所写。

范仲淹（989～1052），苏州吴县（今属江苏）人。宋大中祥符八年（1015）进士及第，北宋政治家，文学家。文章和诗词俱脱俗超凡，有《范文正公文集》传世，散文《岳阳楼记》更誉为千古名篇。其所写《和章岷从事斗茶歌》，生动地描写了宋代武夷山斗茶的盛况，不但让武夷茶文化熠熠生辉，而且在华夏茶文化史上有着重要价值。

苏轼（1037～1101），眉州眉山（今四川眉山）人。字子瞻，号东坡居士，北宋文学家、书画家。豪放派诗人代表，与其父亲苏洵、弟弟苏辙皆以文学名世，世称“三苏”。他还是著名的唐宋八大家之一，作品有《东坡全集》《东坡乐府》等。南宋高宗时赠太师，追谥号“文忠”。其所作《叶嘉传》是以拟人化手法记述武夷茶的一篇佳作；他的《荔支叹》诗，说明宋代建州贡茶包含武夷茶品，是武夷山茶史的重要资料。

朱熹（1130～1200），祖籍江西婺源，出生于福建尤溪。宋代著名理学家、教育家。朱熹一生与武夷山有着十分密切的关系，他一生中有近50年是在武夷山度过的。其歌咏武夷山的诗有50多首，尤以《九曲棹歌》最为精彩。在讲学、著述之余，他还背着竹篓上山采茶、亲自煮茶，写下了脍炙人口的《茶灶》诗：“仙翁遗石灶，宛在水中央。饮罢方舟去，茶烟袅细香。”陆廷灿的《续茶经》中曾记载：“武夷五曲朱文公书院内……又有老树数株，云文公手植，名曰宋树。”朱熹赋有武夷茶诗多首。

白玉蟾（1194～？），南宋道士，金丹派南宗第五代祖师，本名葛长庚，字如晦、白叟，号海琼子、武夷散人。祖籍福建闽清，生于琼州，16岁时因“任侠杀人”而亡命出逃，云游四海。不久寻师访道来到武夷山，先后八入武夷，晚年定居于武夷山止止庵而终老。一生嗜茶，其所写《武夷茶》诗：“仙掌峰前仙子家，客来活火煮新茶。主人遥指青烟里，瀑布悬崖剪雪花。”说明当时的武夷茶，受到道人的青睐欣赏，为修炼功力的珍品。

高兴（1245～1313），蔡州（今河南汝南）人。出身农家，元武宗时官至河南行省左丞相。至元十六年（1279），时任江浙行省平章的高兴路过武夷山，监制“石乳”茶数斤献与宫廷，深得皇上赏识。至元十九年，高兴又命崇安县令亲自监制贡茶。大德五年，其子高久住任邵武路总管，就近到武夷山制贡茶。次年，在武夷山九曲溪四曲溪南畔设立了皇家焙局，遂称为“御茶园”。从此，武夷茶正式成为朝廷贡品，每年精制龙凤团饼，直送京城。武夷山产制贡茶延续达500年，极大地提升了武夷茶的知名度。

释超全（1627～1712），俗名阮旻锡，厦门同安人。写有《武夷茶歌》诗：“凡茶之候视天时，最喜天晴北风吹。苦遭阴雨风南来，色香顿减淡无味……如梅斯馥兰斯馨，大抵焙时候香气。鼎中笼上炉火温，心闲手敏工夫细。”这当是武夷岩茶（即乌龙茶）制茶工艺之起源的端倪。释超全后来写的《安溪茶歌》则记述了武夷岩茶从泉州大量输出西方，供不应求之情形，并写到其时安溪茶仿效武夷岩茶制法“溪茶遂仿岩茶样，先炒后焙不争差”的事实。

陆廷灿（1670～1738），嘉定（今属上海）人，字扶照，号幔亭。清康熙五十六年（1717）授崇安知县，历时6年。任上他严明法理，旌别善恶，激励耕读，广辟财径，恢复古建，编修方志，享有清明廉政声誉。最为可贵的是对茶兴致极高，说：“余性嗜茶，承乏崇安，适系武夷产茶之地。……查阅诸书，于武夷之外每多见闻，因思采集为《续茶经》之举。”故常涉足茶乡茶园，躬行于茶厂茶家询问茶事；公务之余博览茶书，细阅分理。秩满请辞，归乡静心编写《续茶经》，12年完成这一巨著。

董天工（约1703～1771），崇安（今福建武夷山市）曹墩人。董天工性爱山水，情钟武夷，对武夷茶也情有独钟。其重修《武夷山志》中记述了武夷茶的兴衰史，收录徐夤、范仲淹、苏轼、刘说道、杜本、周亮工、朱彝尊、查慎行、饶泽般等历代名家有关武夷茶的诗词歌赋20余首，对武夷茶和元代御茶园都有较详细的记述评说，他写道：“茶之产不一，崇、建、延、泉随地皆产，惟武夷为最。”他还记述了武夷茶的生长环境、制作工艺、品质分类等，对今人考证武夷茶史起到了较为重要的作用。

乾隆（1711～1799），清高宗皇帝，他在茶诗中多次提到武夷茶，如《冬夜煎茶》中曰：“建城杂进土贡茶，一一有味须自领。就中武夷品最佳，气味清和兼骨鲠。”在《夜雪烹茶偶作》中写道：“武夷汲黯本爱戆，水滨陆羽应惭拙。”在《建阳茗事》中写道：“佳茗春深盛建阳，武夷溪谷挹清香。”作为一位“不可一日无茶”、善于品茗的皇帝，如此盛赞武夷茶，对武夷茶知名度的提升产生了很大的影响。

梁章钜（1775～1849），原籍福建长乐，祖上于清初迁福州。他在《归田琐记·品茶》一文中，简述了武夷茶的历史盛况，以及在武夷山天游观与静参羽士的一席武夷茶论。梁章钜认为“今城中州府官廨及豪富人家竞尚武夷茶”的原因，是因为“武夷焙法，实甲天下”。梁章钜与静参羽士还谈论到当时的茶种、茶品与各种名茶，以及茶香形成的原因。他们共同总结出武夷岩茶的四个等级：“一曰香，花香、小种之类皆有之”，“等而上之，则曰清。香而不清，尤凡品也”，“再等而上之，则曰甘，清而不甘，则苦茗也”，“再等而上之，则曰活。甘而不活，亦不过好茶而已”。说明极品武夷茶应当具有“活”性。

第二节 民国茶人踔厉奋发

1935年8月，张天福在福建福安创办福建省农业改进处茶叶改良场。抗日战争爆发后，1938年10月，张天福奉命将茶叶改良场主要人员随带档案、图书、仪器等，迁移至崇安（今武夷山市）赤石。从此，近代中国的茶叶科研工作根植于崇安。1939年11月，由福建省贸易公司和中国茶叶公司福建办事处联合投资兴办“福建示范茶厂”，原崇安茶叶改良场并入示范茶厂，示范茶厂下设福安、福鼎分厂和武夷、星村、政和制茶所。常务工作有茶树栽培试验、茶树病虫害研究、茶叶化学之分析与研究、测候之设置等，还有培植茶业技术干部人才，出版研究报告、示范厂月报，开展福建省茶叶调查等工作。1942年，地处浙江衢州的国民政府财政部贸易委员会茶叶研究所迁来崇安，与示范茶厂合并。吴觉农任所长，所址设在赤石。研究所集中了蒋芸生、王泽农、陈椽、林馥泉、尹在继、庄任、叶鸣高、廖存仁等一批专家、教授与茶叶专业人员，从事茶叶研究工作，对武夷山各茶区名丛的栽培、制作，做详细调查，为武夷岩茶的普及推广奠定了基础。中国十大茶人中有七人在武夷山工作过，分别是：吴觉农、张天福、庄晚芳、陈椽、王泽农、李联标、蒋芸生。

吴觉农（1897～1989），浙江上虞人。著名农学家、农业经济学家、茶叶专家，社会活动家，我国现代茶业的奠基人，被誉为当代“茶圣”。所著《茶经述评》是当今研究陆羽《茶经》最权威的著作，最早论述了中国是茶树的原产地。原名荣堂，因立志振兴祖国农业而更名为觉农。1935年任中国茶叶公司总技师，1942年在福建崇安武夷山麓建立了中国第一个茶叶研究所，亲任所长，集中了一批专家、教授和有实际经验的茶叶从业人员，系统研究茶叶的栽培、制造和贸易等方面的课题，取得了不少有影响的研究成果，为发展我国茶叶事业作出了卓越贡献。抗日战争胜利后，任上海新华制茶公司总经理，受邀参加了开国大典。新中国成立后，他曾担任首任农业部副部长、全国政协副秘书长。去世前一直担任全国政协常务委员、中国农学会名誉会长、中国茶叶学会名誉理事长，有多种著作传世，为我国当代茶学理论、科研育人、产销贸易等方同作出了划时代的不可磨灭的贡献。在武夷山时，创办有《茶叶研究》，对武夷茶史有翔实考评，认为王复礼《茶说》所记就是乌龙茶工艺，1943年，吴觉农撰写了《整理武夷茶区计划书》，编撰整理了大量的茶叶研究成果和资料，对武夷茶区环境、武夷茶业兴衰进行系统的概括和翔实的说明，是一份内容详实，较为超前的计划书。对武夷岩茶的生产有很高的参考价值。

张天福（1910～2017），当代著名茶学家、制茶和评审专家，享受国务院特殊津贴，对乌龙茶的研究和开发利用作出了突出贡献，被尊称为我国“茶学界泰斗”。

张天福祖籍福州，生于上海，1932年毕业于南京金陵大学农学院，以后的70多年，一生从事茶叶生产和教育、科研工作，特别在培养茶叶专业人才、创制制茶机械，提高乌龙茶品质等方面有很大成绩，对福建省茶叶的恢复和发展做出重要贡献，1935年，张天福创办了福建第一所专门培养茶叶职业技术人才的农校，同时，创办福建省建设厅茶叶改良场，开创了茶叶科教合作的先河。1940年，由福建省政府与中国茶叶公司联合在崇安创办“福建示范茶厂”，任命张天福为厂长，成为当时全国最大的茶叶生产、科研、推广、销售相结合的单位。1941年，他设计、制造出了第一台手推揉茶机，结束了中国茶农千百年来用脚揉茶的历史。当时正值“九一八”事变发生，因此，他便将此机名为“9·18揉茶机”，以警醒国人“勿忘国耻，振兴中华。”新中国成立后，他改进“九一八”揉茶机分别推广适应于红茶、绿茶区，又设计推广了绿茶三锅连续杀青机，大大减轻了制茶工艺中的揉茶和杀青劳动强度。1954年亲自赴崇安指导创办当时全国规模最大的机耕茶场——崇安茶场。“文革”期间写下了《福建白茶的调查研究》《龙岩斜背茶调查》《福建茶史考》等大量有价值的总结研究材料；武夷山为“乌龙茶故乡”“正山小种发源地”等著名论断均出自张天福。他是评茶的绝对权威，首次提出成立纯民间“茶人之家”的设想，积极宣传中国茶文化，参加优质茶评比、茶王赛等茶事活动，为推动茶叶发展，不懈努力。1996年，他提出中国茶礼“俭，清，和，静”：茶尚俭，勤俭朴素；茶贵清，清正廉明；茶导和，和衷共济；茶致静，宁静致远。2005年张天福老先生被授予“中华茶寿星”称号，2007年4月荣获“觉农勋章”和“老茶人贡献奖”，2017年6月4日，在福州去世，享年108岁。

庄晚芳（1908~1996），福建惠安人。茶学家、茶学教育家、茶叶栽培专家，我国茶树栽培学科的奠基人之一。原名庄友礼，笔名庄友、庄骥、挽风、茗叟。毕生从事茶学教育与科学研究，培养了大批茶学人才。在茶树生物学特性和根系研究方面取得了成果。晚年致力于茶业的宏观研究，对茶历史以及茶文化的研究作出贡献。著有《茶作学》《茶树生物学》《中国的茶叶》等。

庄晚芳1908年出生于福建省惠安县，1930年考入中央大学农学院。1934年毕业后，到安徽祁门茶叶改良场工作。1938年，在福建省福安农校讲授茶叶课。1939年，担任福建省茶业管理局副局长，曾到崇安筹办福建示范茶厂，担任副厂长，并在武夷山下组织开辟了数千亩新茶园。建立茶叶品种园390亩，结合生产进行茶树扦插、茶叶播种期、茶苗种植期等试验，为武夷茶的发展、改良做出贡献。不久，他转至浙江衢州协助吴觉农筹办东南改良总场。1943年，福建省农林公司聘任庄晚芳为总经理，他吸收侨资，改善经营，取得很大成绩，为闽茶复兴打下了基础。1948年，他先后赴香港、新加坡和马来西亚考察，访问了著名爱国华侨陈嘉庚先生。陈先生劝他回国从事教育，他深受启发，随即返回福建。新中国成立后，庄晚芳曾先后在复旦大学农学院、安徽农学院、华中农学院和浙江农业大学从事茶学教育。他的学生遍布全国各地，以及前苏联和越南，不少人已成为茶学专业的高级技术人才。1965年，他首次培养茶学研究生，成为我国茶学研究生教育的开端。庄晚芳著有《中国茶史散论》一书，对武夷茶多有论说，并肯定红茶是简化了的乌龙茶制作工艺产制出的茶品，其产品出现迟于乌龙茶。他还提出了“中国茶德”，概括为“廉，美，和，敬”四字，并有四字守则：“廉俭育德，美真康乐，和诚处世，敬爱为人。”

陈椽（1908~1999），福建惠安人。又名陈愧三。茶学家、茶业教育家，制茶专家，我国近代高等茶学教育事业的创始人之一。为国家培养了大批茶学科技人才。在开发我国名茶生产方面获得了显著成就。对茶叶分类的研究亦取得了很大的成果。著有《制茶学》《茶业通史》等。

陈椽1908年出生于福建省惠安县，1930年考入了国立北平大学农学院农业化学系，1934年毕业，获农学学士学位。1935年至1940年，他在浙江省鄞县农场、福建省集美农业学校、浙江省农业改进所茶叶检验处、福建省茶业管理局、福建省贸易公司等地任职，1940年任福建示范茶厂技师兼政和制茶厂主任。随后赴浙江英士大学农学院任教，编著了我国第一部较为系统的高校茶学教材《茶作学讲义》。抗日战争胜利后，受聘到复旦大学任教，继续为创立茶业教育体系而努力。先后编著了《茶叶制造学》《制茶管理》《茶叶检验》《茶树栽培学》等 4 部教材，在“文革”期间写成《制茶全书》。1977年，在病榻上撰写了《茶业通史》《中国茶叶对外贸易史》《茶药学》3部共100多万字的巨著。1978年创办全国第一个机械制茶专业，并主编了《制茶学》教材。陈椽给予武夷岩茶创制技术高度评价，赞赏“武夷岩茶的创制技术独一无二，为全世界最先进的技术，无与伦比，值得中国劳动人民雄视世界”。1992年，83岁高龄的陈椽先生在考察武夷山时，受邀为武夷山大红袍的首款包装商品茶绘制叶片图案并题字。这款图案在相当长的一段时间里，从武夷山走向大江南北海内外，一度成为武夷岩茶最经典最醒目标志。

王泽农（1907～1999），江西婺源人。茶学家、茶学教育家、茶叶生化专家。参加筹创了我国高等学校第一个茶叶专业，为国家培养了大批茶学科技人才。是我国茶叶生物化学的创始人。主编《茶叶生化原理》《中国农百科全书·茶业卷》。

1925年9月考入国立北京农业大学，1928年2月考入国立上海劳动大学农学院农业化学系，1933年至1938年，王泽农在比利时颖布露国家农学院和颖布露国家农业试验场留学和工作。并获得比利时国家农业化学工程师称号。1938年7月回国后，他历任云南省建设厅技正、国立复旦大学农学院教授兼茶叶专修科主任及农业化学系主任等职。中华人民共和国成立后，他调到安徽大学农学院工作，他是第三、四、五、六届全国人民代表大会代表，中国茶叶学会第二、三届理事会理事长。王泽农是中国茶叶生物化学学科的开创者与奠基人。1957年他编译出版了《关于茶叶生物化学的研究》一书，是我国第一部茶叶生物化学专著。1961年主编全国第一部统一教材《茶叶生物化学》。他除了创立茶学研究的生物化学基础理论外，他主持研制的“茶叶光电拣梗机”曾荣获安徽省科技成果三等奖和商业部科技重大成果三等奖。1941年在福建武夷茶区参加贸易委员会茶叶研究所的创建工作，任研究员兼化验组组长。编著有《武夷茶岩土壤》等茶书，对正岩茶区50平方公里、64座峰岩土壤的物理、化学、营养、活性钙量、腐殖质等方面进行实地取样、化验。并且分析了各区域土壤的因素及土壤形态，提出了土壤管理、改良土壤、科学种植、合理施肥等建议。

李联标（1911～1985），江苏六合人。茶学家、茶树栽培专家，茶叶科学研究先驱之一。在研究旧茶园改造、新茶园养成技术、探索茶树高产优质规律和茶树品种资源收集、保存、鉴定、利用等方面，取得了成就。

1930年考入金陵大学农学院农学系，毕业后，在福建省福安茶叶改良场从事茶叶研究工作。抗日战争爆发后，随所迁往四川成都。1939年转赴贵州湄潭，筹办中央农业实验所湄潭实验茶场，任技士并负责技术工作。从此，开始了他漫长的茶叶科研生涯。1945年以优异成绩考入美国康奈尔大学农学院和加州理工学院生物学部进修，从事茶叶中酶性质的研究，与勃纳博士联名在美国《生物化学》杂志（1947年）发表了茶叶中多酚氧化酶的研究论文。他是中国早期从事茶叶酶化学研究的少数学者之一，研究成果受到茶学界的关注。1947～1948年在福建崇安任中央农业实验所实验茶场技正。新中国成立初期，他率队赴浙江平水茶区，领导绿茶改制红茶成功，推动了各地改制工作的顺利进行，扩大了茶叶的出口贸易。在国内，他首先发现野生乔木型大茶树，根据植物演化历史与古地理、古气候的研究成果以及茶树原始型形态、生化、细胞学特征，论证茶树应原产于中国西南地区，对研究茶树起源与原产地作出了重要贡献。他发表的《不同生态型茶树引种研究》论文，以引种15年以上的13个省87个品种的研究结果为依据，旨在着力开辟我国茶树生态学研究。1984年，他在重病期间带领团队30人完成了《中国茶树栽培学》编撰。这是一部反映中国茶树栽培科学技术水平的论著。

蒋芸生（1901～1971），字任农，江苏涟水人。茶学家、园艺学家、教育家。中国现代茶学奠基人之一。为筹建浙江省茶叶学会、中国茶叶学会和中国农业科学院茶叶研究所做了大量开创性工作，为培养茶学人才作出了贡献。在茶树栽培与育种研究、柑橘栽培、植物生理以及植物分类学领域均有深入研究，并取得显著成就。所著《植物生理学》为中国高等农业院校主要教材之一。1921年毕业于江苏省立第三农业学校，1922年公派去日本千叶高等园艺学校留学，毕业回国后，任江苏省立第三农业学校教师。相继任浙江大学农学院副教授，南通学院、福建协和大学农科教授、科主任、福建永安园艺试验场场长。1943年3月～1944年8月在崇安的财政部贸易委员会茶叶研究所担任副所长兼茶树栽培研究组组长，后担任代理所长、研究员，其后担任福建省立农学院教授、园艺系主任，浙江大学农学院园艺系教授等职。1957年7月奉命筹建中国农业科学院茶叶研究所。1958年9月该所成立后兼任该所所长、名誉所长。1960年浙江农学院与浙江省农业科学研究所合并，组成浙江农业大学，被任命为副校长。1956年与1964年先后负责筹组浙江省茶叶学会和中国茶叶学会，并任两个学会的第一任理事长。曾任中国园艺学会常务理事、浙江省政协委员等职。他毕生从事园艺和茶学两类学科，建树颇多，贡献卓著。

林馥泉（1913～1982），原籍福建惠安，茶学家。1940年，由中国茶叶公司和福建省合资兴办“福建示范茶厂”，原崇安茶业改良场并入示范茶厂，林馥泉于1940年至1941年在崇安任福建省示范茶厂武夷制茶所主任。1942年林馥泉在武夷山调查武夷山中的茶叶品种、名丛、单丛达千种以上，仅慧苑一带就多达830种，列出的“花名”达286个。他所著的《武夷茶叶之生产制造及运销》堪称武夷茶的第一部专著。林馥泉先生通过周密的调查研究写成此书，书中详细记述了武夷茶树资源的种类、名称及主要特征特性，武夷岩茶制作、品鉴与产销等，为后人研究利用武夷茶提供了基础资料。1945年台湾光复后，受派到台湾振兴茶业，在台任台湾茶叶传习所所长。1956年著《乌龙茶及包种茶制造学》，对台湾包种茶的历史进行了详细的研究和探讨，同时对武夷岩茶进行了全面介绍和高度评价，对现代台湾茶叶的发展贡献颇大。

吴振铎（1918～2000），福建福安人，茶学家，教授，在台50多年，毕生致力于茶树育种、茶园机械、茶叶制法及评鉴之研究，先后育成15个茶树新品种，为台湾茶业的兴盛做出了卓越的贡献，被誉为“台茶之父”。1936年吴振铎考入当时全国唯一一所高级茶科学校——福建高级茶科学校（系该校首届毕业生），后又就读于福建农学院。1946年任福建省立福安高级茶叶职业学校教导主任，任上调任崇安示范茶场场长。1947年7月，吴振铎赴台湾，先后任台湾省农业试验所平镇茶叶分所技正、所长，台湾省茶业改良场首任场长。此机构于1955年7月又改隶农业试验所，仍由吴振铎担任分所长。1952年起，吴振铎应聘台湾大学农艺学系，兼授茶作学及其实习的课程，历任讲师、副教授及教授。1982年9月中国台湾地区茶艺协会于台北市成立，选出吴振铎为首任理事长。1984年，吴振铎退休后仍在台湾教授茶作学及推展茶文化活动，并竭力完成《吴振铎茶学研究论文选集》，给后人留下宝贵的研究成果。1988年6月，吴振铎偕夫人在民主促进会中央常委、著名茶叶专家黄国光先生陪同下，到杭州等地参观访问。两岸中断了将近40年的茶叶学术交流，在吴先生的推动下，重新焕发出勃勃生机。1990年，吴振铎来到武夷山曾经工作过的茶叶研究所调研，回台后他多次在台湾组织“无我茶会”，邀请福建省及武夷山市茶界人士赴会，也多次安排台湾茶界同仁到武夷山交流，促进了闽台茶业学术交流。

庄任（1916~2007），福建晋江人。制茶和审评专家。长期从事茶叶加工、经营管理和出口贸易工作。对白茶、茉莉花茶及乌龙茶等有系统研究，为发展福建茶业作出贡献。庄任于1934年，考入中央大学农业化学系农产品制造专业。1938年完成毕业论文《关于发酵微生物的分离应用》，取得学士学位并留校任助教兼负责农产制造所工作。1939年夏，经推荐与筹建复旦大学茶叶系的吴觉农见面后，深受感召，决心以吴觉农为榜样，从此一生事茶。抗战期间，中国茶业受到严重摧残，为了振兴茶业，庄任又随吴觉农到浙江、安徽、江西等主产地调查研究并参加茶叶产制和评验实践。1941年，在福建省崇安成立茶叶研究所，庄任先后任该研究所的助理研究员、副研究员，负责制茶组工作。1949年福建省解放，10月份庄任赴北京参加中财委召开的茶叶产销会议。会后北京成立中国茶叶总公司，各产茶省成立茶叶分公司。自福建省成立茶叶分公司起，庄任就在该公司从事茶叶技术工作，一干就是50年，为发展福建茶叶事业贡献了毕生力量。自1956年福建省茶叶学会成立以来，庄任一直热心于茶叶学术交流、专业期刊编辑出版、茶文化资料收集和茶史探索、茶对人体保健功效以及国内外茶事活动等工作。1982年7月，福建省人民政府授予他高级工程师职称。历任福建省茶叶学会第一至第四届副理事长，后任荣誉副理事长，1998年被推荐为名誉会长。曾任中国茶叶博物馆技术顾问。中国茶叶学会第一、第二、第三届理事、荣誉理事。晚年致力于茶史探索和茶文化研究。

廖存仁（？～1944），福建浦城人，先后在实业部青岛商品检验局、中国茶叶公司技术处、茶叶研究所、中国茶叶公司福建办事处等单位任职，曾在设立于武夷山的财政部贸易委员会茶叶研究所研究武夷岩茶，作了较为深入的调查，发表《武夷岩茶》《武夷大红袍史话及观制记》《武夷岩茶制茶厂概况简表》《武夷茶工的生活》《武夷岩茶之品种》《龙须茶制造方法》《闽茶种类及其特征》等文章，理论实际两俱丰富。

陈书省（1904～1990），十五六岁到武夷山，经介绍入茶行当学徒，自此与岩茶结伴的一生。1940年为福建示范茶厂下属的武夷制茶所员工。一生主要从事武夷岩茶的审评工作，他几十年对岩茶的品评、观察和摸索，总结出的岩茶审评经验，已成为武夷山“口传文化遗产”。《茶业科学简报》（1963年第7期）刊载他的口述文章《武夷岩茶传统的采制技术经验》。

倪郑重（1915～1991），福建泉州人，原名郑锦章。先后在集美农校、福安茶叶专业学校毕业，曾任福安、崇安茶叶改良场、福建省农林公司茶叶部技术员，福建示范茶厂技助。1956年开始，带头支持政府对私改造，将倪鸿记茶店连同“武夷清源茶饼”秘方毫无保留献给公司。1964年，他参与设计白煤焙茶机具成功，并在泉州各地推广。和何融合作撰写《乌龙茶在先，红茶在后》《再论乌龙茶在先，红茶在后》等论文，引起茶叶界的争鸣。著有《倪郑重茶业论集》等。

左一姚月明，左二张天福，右一骆少君

第三节 现代茶人砥砺前行

建国以后，武夷山茶产业稳步发展，在茶树品种选育、利用，武夷岩茶制作技艺传承与创新等方面取得了长足的进步，这些成就离不开姚月明、陈清水、骆少君、詹梓金、陈德华等茶人的贡献，也离不开长期在茶园、茶厂一线的茶人，他们砥砺前行，为武夷山“三茶”统筹事业作出卓越的贡献。

姚月明（1932～2006），江苏无锡人，高级农艺师。福建省茶文化研究会顾问、南平地区茶学会顾问，曾任国营崇安茶场场长、武夷山岩茶总厂厂长。姚月明把他一生中的50多年时光交给了岩茶，并成为武夷岩茶发展史上承前启后的一个关键人物，是业内公认的岩茶泰斗。

大学毕业后，姚月明被分配到当时全国三大茶叶试验场之一的崇安茶叶试验场任试验组长，成为该茶场第一个科班出身的茶叶专业大学生，挑起了武夷岩茶科研带头人的担子。几十年来，他的科研成果可谓硕果累累，20世纪60年代至80年代，经他一手攻关的烘青绿茶被定名为崇安茶场高级莲心，作为当时国家的主要外交礼茶，武夷水仙被评为农业部部优产品。他先后进行武夷名丛、武夷茶区病虫害调查及武夷岩茶耕作法等多项专项调查。1958年，他设计使用了福建省第一条萎凋槽和四锅联炒式杀青机，1959年设计了乌龙茶专用第一台“双列联动摇青机”；培育出武夷岩茶“北斗”名丛；他还任国际茶叶科学文化研究会理事，出版有《武夷岩茶论文集》，对岩茶（属乌龙茶）为什么会起源于武夷山，岩茶工艺怎么在桐木演变了同“正山小种”红茶的原因进行分析总结，为茶界先辈在“乌龙茶在先和红茶先后”的结论提供了补充依据。他常说：“茶品如人品，品茶如品人，茶如其人。”与苏轼所言的建茶有“君子性”，一脉相传。

陈清水（1933～2021），福建泉州人，曾任南平地区茶叶公司副经理，分管茶叶机械工作，先后改进革新的茶叶初制机械有36个，其中经改进后推广的机型有23个，革新的机型有13个。其中，负责设计和具体经办完成国家中央商业部茶叶畜产局下达的科技项目——乌龙茶综合做青机，1980年经省级科研鉴定，1983年荣获商业部重大科技成果二等奖，1987年列为国家级科研成果（国家级科研成果登记号81A810671）入选《中国技术成果大全》。退休后受聘担任武夷山市茶叶科学研究所顾问，继续研究乌龙茶萎凋机、乌龙茶综合做青机电脑程控仪、余热回收无烟灶、电焙笼等。陈清水一生致力于茶机械的革新发展，为乌龙茶机械制茶的发展作出了不可磨灭的重大贡献。

詹梓金（1937～2016），福建福安人，茶叶专家。1961年毕业于福建农学院园艺系，1975年任教于福建农学院茶学专业，先后担任福建农业大学园艺学院遗传育种教研室主任、茶学学科带头人，为福建农林大学茶学学科的发展奠定了坚实的基础。曾任中国茶叶学会理事、福建省茶叶学会常务副会长、日本中国茶协会顾问等职，曾担任武夷山市、建瓯市、永春县、南靖县等有关茶叶科技与研究团体的顾问等。1995年担任福建省农作物品种审定委员会茶叶专业组组长，为大红袍品种的保护提出了重要的理论和技术支撑，并提出了科学保护“国宝”大红袍母树的措施建议。2009年被聘为武夷山大红袍品种申报工作领导小组顾问，开展大红袍DNA分子遗传分析实验及茶叶内含物的对比试验，为大红袍品种的审定开展了大量的基础性工作。

骆少君（1942～2016），女，福建惠安人，研究员，著名茶叶品质化学研究专家，第九届、第十届全国政协委员。从事茶叶生产、研究及质检工作40余年，任中华全国供销合作总社杭州茶叶研究所研究员、所长，国家茶叶质检中心主任兼《中国茶叶加工》杂志主编。1942年，骆少君出生在福建永安，高中毕业考入浙江农业大学茶叶专业，1965年毕业后分配到福建福州茶厂当技术员。1979年至1980年她到广州外语学院进修，1981年作为公派留学生到日本留学 2 年，1984年调到中华全国供销合作总社杭州茶叶研究所，进行茶叶质量的监督检验和茶叶香气的研究。她主持研究的“花茶窨制联合机”“花茶香气的研究”等项目课题荣获省部级科技进步奖，被国家科委列入“国家科技成果重点推广计划”项目，获联合国技术信息促进系统中国国家分部的“发明创新科技之星奖”。1991年起享受国务院颁发的政府特殊津贴，1995年被国家技术监督局评为“全国质量监督工作先进个人”。在国内外参与编著了多部有关茶的著作。1967年，她第一次到武夷山接触武夷岩茶，从此后便一心牵挂着武夷岩茶，2003年，她特地邀请武夷山岩茶专家姚月明到杭州进行讲课，让全国的老字号、大茶商和主要销区了解、认识武夷岩茶，为武夷岩茶走出去搭建一个宣传的平台。同时，骆少君又多次组织全国知名的老字号茶店、茶馆的商家、欧盟茶叶贸易委员会成员到武夷山考察交流，让具有影响力的人来推销传播武夷岩茶，使武夷岩茶能真正走向世界。2010年，骆少君经过多方努力，将武夷山作为中华全国供销合作总社杭州茶叶研究院闽北工作站的基地，开办高级评茶员职业技能鉴定培训班。她对武夷岩茶发展的殷殷希望是“提起龙井想到西湖，提起乌龙茶想到武夷山，让岩茶成为武夷山旅游的最佳导游”。

陈德华（1941～2020），福建长乐人。高级农艺师，曾担任武夷山市茶叶研究所所长、首批国家级非物质文化遗产武夷岩茶（大红袍）传统制作技艺传承人。他一生将近50年是在武夷山度过的，与武夷岩茶形影不离，做茶经历十分丰富，在武夷茶栽培、制作、销售、研究、推广等方面均做出了突出成绩和贡献。1963年从福安农校毕业分配到武夷山茶科所，后于1965年被派到农村去搞社教，1972年，陈德华又回到武夷山茶科所。1982年，陈德华在武夷山御茶园建起了一座占地5亩的武夷名丛、单丛的观察园，有165个品种。1982年，我省茶叶科研工作开始推广应用茶树短穗扦插“无性繁殖”育种技术，陈德华先生与茶科所同志们从3株母树大红袍上剪枝培育，开展经过“选育—繁育—中试—推广应用”各阶段，试验很快就获得了成功，实现大红袍“飞入寻常百姓家”的梦想。1985年陈德华任市茶叶所所长，推出第一款大红袍商品茶小包装，市场反响强烈，大大提高了大红袍的知名度。1998年，成功申请开办了武夷山市第一家民办茶叶研究所——武夷山市北斗岩茶研究所。2002年首次推出适应武夷岩茶使用的整体式（连体）杀青机，前后三次往返整改获得成功。2004年按岩茶传统制作工艺流程（手工做青间、炒茶间、揉茶间、烘焙间及供雨天使用的烘青焙楼），设计建成当时武夷岩茶区唯一一家有着传统流程设施的茶厂。2012年～2013年，与武夷山市助农茶机厂、武夷学院等单位和有关人员研究突破茶叶界以往的设计原理，成功制成了首台茶叶快速萎凋机。在大红袍制茶技艺传承上，陈德华热心公益，总是毫无保留地把他的实践经验传授给年轻人，并经常到实地认真指导，在武夷茶栽培、制作、销售、研究与推广等方面均做出了突出成绩和贡献。

附录：1980～2023武夷茶大事记

1980年初	为解决大批量茶叶生产的要求，武夷山研制出“乌龙茶综合做青机”，并获国家商业部科技成果二等奖，继而又生产出90型、110型滚筒杀青机。
1984年	武夷岩茶被评为全国十大名茶之一，首款拼配“商品大红袍”问世。
1980~1989年	武夷岩茶肉桂在国家农业部、商业部等全国名茶评比会上多次获一等奖。
1987年	5月，全国人大常委会委员长彭真为崇安县茶场题写厂名“崇安茶场”。
1988年	1月15日，日本女作家左能典代在东京创办中日文化交流沙龙武夷岩茶房，推广武夷岩茶。
1990年	10月1日，首届武夷岩茶节开幕。全国人大常委会副委员长雷洁琼、全国政协副主席钱伟长分别题词和发来贺信，11个国家（地区）的旅游、茶业界专家及省内外宾客200余人出席活动。
1991年	10月，日本、韩国和我国台湾、福建的知名茶侣在武夷山举办第二届国际无我茶会。
1992年	9月16日，举办第二届武夷岩茶节，4000余人参加开幕式。
1993年	10月，传统制作工艺生产的武夷肉桂荣获首届中国农业博览会金奖。 11月8～10日，武夷山机场扩建竣工试航暨第三届武夷岩茶节在武夷山市举行。全国政协原副主席方毅，中共中央原政治局委员、中国人民解放军空军原司令员张廷发参加庆典活动。
1994年	3月23日，《武夷岩茶（乌龙茶）综合标准》经有关专家审定通过，填补了武夷岩茶（乌龙茶）长期以来没有省级地方标准的空白。 10月26日，原国家主席杨尚昆在武夷山考察期间，走访多家茶叶专业户。 12月20日，武夷山市茶叶研究所的“大红袍岩茶无性繁殖及加工技术研究”获福建省科委科学技术成果鉴定通过。
1995年	10月26～29日，在武夷山举办第五届国际无我茶会和第四届武夷岩茶节，来自日韩及港台等地的茶侣160余人汇集在武夷山，磋茶艺、引外资、促交流。
1996年	8月，武夷山市艺术团赴新加坡表演武夷茶艺。
1997年	7月，武夷山风景名胜区大红袍茶文化旅游线路开通。
1998年	在首届中国国际茶博览交易会名茶评比中，武夷山大红袍、武夷肉桂荣获“中国文化名茶”金奖。 6月10日，国家外经贸部批准武夷山茶叶有自行出口的外贸权。 8月18～21日，举行98武夷旅游月暨第五届武夷岩茶节，期间，20克母树大红袍茶叶首次以人民币15.68万元竞拍成交。

1999年	4月17日，荷兰女王贝娅特丽克丝来武夷山观光，到御茶园品尝大红袍。 10月5日，全国政协主席李瑞环在武夷山视察时，到九龙窠考察大红袍茶文化旅游线路。
2000年	7月27日，举办中国武夷山茶文化节。 9月6～7日，澳门特别行政区行政长官何厚铧在武夷山观光考察，参观御茶
2001年	5月3～6日，中共中央政治局常委、全国人大常委会委员长李鹏在武夷山视察期间，考察大红袍茶文化旅游路线。 9月17日，在我国进行国事访问的新加坡总统纳丹抵武夷山游览，并接受了福建省副省长汪毅夫赠送的茶礼“武夷茶王大红袍”。
2002年	3月8日，国家质量监督检验检疫总局批准武夷岩茶、正山小种实施原产地域产品保护。 3月29日，由武夷山市茶叶科学研究所申请的“武夷山大红袍”证明商标获得国家工商行政管理总局商标局核准注册。 6月13日，国家质检总局发布了《GB18745-2002 武夷岩茶》国家标准，于8月1日实施。之后于2006年进行了修正。 8月，首次研制了GSB16-1524武夷岩茶国家标准样品。 8月29～30日，香港特别行政区行政长官董建华在武夷山考察，游览了御茶园等景点。 12月18日，武夷山市政府在北京举办“迎奥运武夷茶文化之旅推介会”。
2003年	2月，武夷山市获得文化部颁发的“中国茶文化艺术之乡”称号，这是我国唯一获此殊荣的县市。 6月，中国人民保险公司武夷山支公司与武夷山市政府签订了“以产品责任保险方式承保武夷岩茶之王大红袍母树一亿元”的合同。 11月12～13日，武夷山市举办首届中国武夷山茶文化艺术节暨第六届武夷岩茶节。
2004年	12月，武夷山市政府下发了《关于启用“武夷山大红袍”证明商标的通知》。
2005年	武夷山市获“全国三绿工程茶业示范县”称号。 4月17～18日，由上海市政府、武夷山市政府联袂举办的上海国际茶文化节闭幕式暨第七届中国武夷山大红袍茶文化节在武夷山举行，其间，20克母树大红袍茶叶以20.8万元竞拍成交。
2006年	5月16～18日，第二届中国武夷山旅游节暨第九届武夷国际旅游投资洽谈会在武夷山举行，“晋商万里茶路起点”石碑揭牌仪式在下梅村举行。 5月20日，“浪漫武夷　风雅茶韵”武夷山大红袍春茗会在福州西湖举行，在省博物馆广场举行武夷山茶产品展示推介及项目招商。 6月2日，武夷岩茶（大红袍）制作技艺列入首批国家非物质文化遗产名录

2006年	6月10日，在市列宁公园举行奉茶会，为首批认定的12位武夷岩茶（大红袍）制作技艺传承人授牌。 7月，以出产黑釉瓷茶具为主的“建窑”系列宋代武夷山遇林亭古窑址被列为全国重点文物保护单位。 10月，国庆期间，武夷山市人民政府在北京钓鱼台国宾馆、王府井、马连道举办以“浪漫武夷 风雅茶韵”为主题的大红袍宣传活动，10月6日在钓鱼台国宾馆举行“大红袍中秋赏月品茗会”。 11月22日，以大红袍为主的福建名优茶代表中国茶参加“2006巴拿马中国贸易展览会”。这是时隔近百年后，以大红袍为主的福建茶首次重返国际展城巴拿马。
2007年	9月19日，中国国际茶文化研究会、武夷山国际禅茶文化研究会联合举办首届中国（武夷山）国际禅茶文化节，同时举行了“两岸茶缘”等系列活动。 10月10日，“乌龙之祖·国茶巅峰——武夷山绝版母树大红袍送藏国家博物馆”仪式在紫禁城外端门大殿举行，最后一次采摘自母树大红袍的茶叶20克，作为首份现代茶样品入藏国家博物馆。
2008年	“武夷山大红袍”地理标志证明商标被认定为福建省著名商标。 11月，由科学出版社出版的《武夷茶经》于2008年11月出版发行。 1月16~19日，第二届海峡两岸茶业博览会暨武夷山旅游节在武夷山市举办，在此期间武夷中华茶博园建成，同期举办第二届中国（武夷山）国际禅茶文化节。 11月23日，武夷山市在全国知名的广州芳村国际茶业城设立大红袍一条街，首批入驻了10多家武夷山茶企业。 12月，武夷学院经教育部批准设立茶学专业。
2009年	武夷山获“全国特色茶县”“中国最具茶文化魅力城市”称号。 3月，中央电视台《走遍中国》摄制组开拍《武夷山茶文化》5集系列节目，6月30日起陆续在央视四套、二套、九套节目播出。 12月5日，由福建省政府、国家旅游局等单位联合举行中国武夷山国际山水茶旅游节，暨第三届武夷山禅茶文化节开幕。期间中华孔子学会会长汤一介教授、中国佛教协会会长一诚法师、中国道教协会会长任法融道长聚首玉女峰前品茗论茶，讲述“茶和天下”真意，在全国属首次。
2010年	“武夷山大红袍”被认定为中国驰名商标；“正山小种”注册为地理标志证明商标。 3月，张艺谋、王潮歌、樊跃创作的《印象·大红袍》实景演出正式公演。 10月28日，国家质检总局地理标志产品保护制度实施十周年纪念会在京举行，武夷山市在会上做“武夷岩茶地理标志产品保护”的典型发言。 11月28日，武夷岩茶（大红袍）入选“世博十大名茶”。

2010年	12月10日，武夷山市在中国名茶产区市长论坛上，获得“中国茶产业特别贡献奖”。
2011年	7月，国家质检总局批准对武夷红茶实施地理标志产品保护。 11月，搭载“神舟八号”翱翔太空后返回地面的6粒大红袍种子，授权落户武夷山市某茶叶基地，武夷山市人民政府与华侨大学共同启动“航天大红袍选育”科研项目。 11月15日，《地理标志产品——武夷红茶》经省地方标准专家审定会审定通过。 11月16日，第五届海峡两岸茶业博览会开幕，本届茶博会首次专设台湾馆。 12月16日，武夷山市政府组织茶企代表参加澳大利亚中国文化年2011中国茶文化产业博览会。
2012年	3月15日，福建省质量技术监督局颁布的《DB35/T 1228–2011 地理标志产品 武夷红茶》执行标准予以实施，该标准于2015年、2019年进行了两次修正完善。 5月，大红袍茶树品种通过审定，成为福建省优良茶树品种。
2013年	11月16～18日，第七届海峡两岸茶业博览会在武夷山举办，期间，首届茶王拍卖会举行。 12月9日，由武夷岩茶（大红袍）传统制作技艺12名传承人手工制作的大红袍代表作收藏品，被国家博物馆收藏。
2014年	11月15日，第三届“万里茶道”与城市发展中蒙俄市长峰会在下梅村开幕。 2015年～2017年，大红袍连续三年获得“全国茶叶区域公用品牌十强”称
2015～2017年	大红袍连续三年获得“全国茶叶区域公用品牌十强”称号。
2016年	“武夷岩茶”参与首届品牌价值评估，获评627.13亿元，位居全国驰名品牌价值排行榜第11位，茶类品牌强度第1位，品牌价值第2位。
2017年	2月，正山小种红茶制作技艺、茶百戏列入《福建省第五批省级非物质文化遗产代表性项目名录》。 5月20日，在国家农业部主办的首届中国国际茶叶博览会上，武夷岩茶荣膺“中国十大茶叶区域公用品牌”。 5月，在天猫、京东两大门户网站开设首家茶叶区域公共品牌网上旗舰店“大红袍官方旗舰店”。 8月，举办首届“互联网+武夷斗茶”活动，在全国140个城市设立分赛场进行宣传推广活动，影响力达至境外意大利、香港、台湾等地。 9月，武夷岩茶和武夷红茶双双入选“金砖国家领导人会晤选用产品”。 9月26日，中共中央对外联络部举办《中国共产党的故事——绿色发展》专题宣介会福建专场。武夷岩茶入选会议用茶并在现场做部分技艺展示，黄村村支部书记黄正华讲述“一杯茶”的故事。

2017年	9月30日，武夷山市应邀派出代表参加在德国法兰克福“茶道·中国茶与艺术中心”举办的“丝路飘香”中秋茶会系列文化活动，在其艺术中心设立欧洲首个“武夷茶馆”并进行授牌。 10月，武夷岩茶列入中欧地理标志产品互认互保“100+100”产品清单。
2018年	武夷山市荣获“2018中国茶旅融合竞争力全国十强县（市）”“2018中国茶业百强县”称号；“武夷岩茶”品牌价值获评693.1亿元，品牌强度为937，品牌强度、品牌价值继续分别占据全国茶叶类第一位，第二位。 夷山市获批筹建“武夷岩茶全国标志产品保护示范区”“全国武夷山茶产业知名品牌示范区”。 5月22日，在杭州举行的全国茶乡旅游发展大会上，中国农业国际合作促进会茶产业委员会发布了20条“茶乡旅游精品线路”，“武夷山风景区岩骨花香漫游道”入选。 11月15～18日，第十四届中国茶业经济年会在武夷山举行。期间对马来西亚、香港、北京、广州、西安等地设立“大红袍品牌推广中心”进行授牌。
2019年	“武夷岩茶”品牌价值获评697.53亿元、居全国茶叶类第2位，在地理标志产品区域品牌前110榜单上位居第5位。 武夷山市荣获“2019年中国茶旅融合十强示范县”“2018中国茶业百强县”称号；武夷岩茶在“2019年中国区域农业品牌影响力”排行第1位，“正山小种”在“2019年中国区域农业品牌影响力”排行第8位。 5月13日，中国技能大赛“武夷山杯”首届全国评茶员职业技能竞赛总决赛在武夷山开赛，来自全国17个省市的近500支队伍4000多位选手参加了预选赛，最终300多名选手进入决赛。本次大赛首次授予“全国技术能手”荣誉称号。这是武夷山首次承办全国性的技能竞赛。 7月，国务委员、外交部部长王毅在福建全球推介活动中点赞“大红袍天下第一”。 10月28～31日，2019年中国技能大赛“武夷山大红袍杯”第四届全国茶艺职业技能竞赛在武夷山举办。历经省级选拔赛、全国总决赛两个阶段后，来自全国28个省（市）的代表270人参加比赛，其中个人决赛获前3名选手，可授予“全国技术能手”荣誉。这是武夷山首次承办全国性的茶艺技能竞赛。
2020年	“武夷山大红袍”“武夷岩茶”“正山小种”列入中欧地理标志协定保护名录；“正山小种”商标被认定为中国驰名商标；武夷岩茶、武夷红茶入选中国农产品地域品牌价值2020年标杆品牌。
2021年	武夷山市获得“2021年度茶业百强县”“2021年度三茶统筹先行县域”“2021年度区域特色美丽茶乡”称号，“大安一日红色传统教育”获得百条红色茶乡旅游精品路线，“星村燕子窠生态茶园”“武夷星生态茶园”获得中国茶产业T20最美生态茶园。

2021年	3月22日，习近平总书记到福建考察时，首站到武夷山，在考察调研星村镇燕子窠生态茶园基地时指出："要把茶文化、茶产业、茶科技统筹起来，过去茶产业是你们这里脱贫攻坚的支柱产业，今后要成为乡村振兴的支柱产业。""三茶统筹"理念成为新时期茶产业发展的根本遵循。
2022年	武夷岩茶品牌价值获评720.66亿元，品牌强度918，连续六年位列茶叶类第二名。正山小种红茶品牌价值获评188.58亿元，品牌强度879，位列茶叶类第七名。 12月，武夷岩茶（大红袍）传统制作技艺作为"中国传统制茶技艺及其相关习俗"的排头兵，和其他43项内容一同申报，成功列入联合国教科文组织人类非物质文化遗产代表作名录。
2023年	"福建武夷岩茶文化系统"入选第七批中国重要农业文化遗产。

参考文献：

福建示范茶厂.一年来的福建示范茶厂[M].福建示范茶厂,1941.

林馥泉.武夷茶叶之生产制造及运销[M].福建省农林处农业经济研究室编印,1943.

陈祖椝,朱自振.中国茶叶历史资料选辑[M].北京:农业出版社,1981.

徐晓望.清代福建武夷茶生产考证[J].中国农史,1988(02):75-81.

中国福建茶叶公司.中国福建茶叶[M].香港:香港新中国新闻有限公司,1991.

庄晚芳.庄晚芳茶学论文选集[M].上海:上海科学技术出版社,1992.

武夷山市志编纂委员会.武夷山市志[M].北京:中国统计出版社,1994.

南平地区茶叶学会编.建茶志[M].内印本,1996.

关剑平.茶与中国文化[M].北京:人民出版社,2001.

姚月明.武夷岩茶[M].内印本,2005.

吴觉农.茶经述评[M].北京:中国农业出版社,2005.

武夷山市地方志编纂委员会.武夷山摩崖石刻[M].北京:大众文艺出版社,2007.

黄贤庚.武夷茶说[M].福州:福建人民出版社,2009.

朱自振,沈冬梅,增勤.中国古代茶书集成[M].上海:上海文化出版社,2010.

周玉潘,等.闽茶概论[M].北京:中国农业出版社,2013.

罗盛财.武夷岩茶名丛录[M].福州:福建科学技术出版社,2013.

肖坤冰.茶叶的流动:闽北山区的物质、空间与历史叙事[M].北京:北京大学出版社,2013.

万秀锋,等.清代贡茶研究[M].北京:故宫出版社,2014.

萧天喜.武夷茶经[M].福州:海峡书局,2014.

戈佩贞.伴茶六十春[M].福州:福建科学技术出版社,2014.

刘勤晋,李远华,叶国盛.茶经导读[M].北京:中国农业出版社,2015.

邵长泉.岩韵:武夷岩茶人文地理[M].福州:海峡文艺出版社,2016.

福建省图书馆编.闽茶文献丛刊[M].北京:国家图书馆出版社,2016.

邹全荣.万里茶道起点武夷山[M].福州:福建教育出版社,2017.

郭莉.福建茶文化读本[M].福州:海峡文艺出版社,2018.

张水存.中国乌龙茶[M].厦门:厦门大学出版社,2018.

黄贤庚著,黄翊绘.岩茶手艺[M].福州:福建人民出版社,2019.

刘勤晋.溪谷留香:武夷岩茶香从何来（第二版）[M].北京:中国农业出版社,2019.

刘宝顺,潘玉华,占仕权,刘仕章,周启富,刘欣[J].武夷岩茶初制技术.中国茶叶,2019(04):40-42.

福建省标准化研究院.福建名茶文化冲泡与品鉴[M].福州:福建科学技术出版社,2019.

陈星扬,等.南平茶志[M].福州:福建科学技术出版社,2019.

黄锦枝,黄集斌,吴越.武夷月明:武夷岩茶泰斗姚月明纪念文集[M].云南:云南人民出版社,2019.

王镇恒.茶学名师拾遗[M].北京:中国农业出版社,2020.

张渤,侯大为.武夷茶路[M].上海:复旦大学出版社,2020.
张渤,王飞权.武夷茶种[M].上海:复旦大学出版社,2020.
张渤,卢莉.武夷红茶[M].上海:复旦大学出版社,2020.
张渤,王芳.武夷岩茶[M].上海:复旦大学出版社,2020.
周东平.中国茶文化史[M].福州:海峡文艺出版社,2021.
叶国盛.武夷茶文献辑校[M].福州:福建教育出版社,2022.
刘仲华.武夷岩茶品质化学与健康密码[M].长沙:湖南科学技术出版社,2022.
武夷山市文化体育和旅游局,武夷山市旅游协会.武夷山新编文化导游词（2022版）.内部刊物.
福建省茶产业标准化技术委员会.DB35/T-2023 非物质文化遗产 武夷岩茶传统制作技艺.
刘勤晋,周才琼,叶国盛.学茶入门[M].北京:中国农业出版社,2023.
占仕权,周启富,刘宝顺,等.武夷岩茶传统制作技艺[J].中国茶叶,2023(05):28-36.
王丽.茶艺学[M].上海:复旦大学出版社,2023.
张渤,叶国盛.宋代点茶文化与艺术[M].上海:复旦大学出版社,2023.
金穑.茶坐标——标杆千年福建茶[M].福州:海峡书局,2023.
《福建茶志》编纂委员会.福建茶志[M].福州:福建科学技术出版社,2023.
刘宝顺.中国十大茶叶区域公用品牌之武夷岩茶[M].北京:中国农业出版社,2024.
廖存仁.廖存仁茶学存稿[M].刘宝顺,叶国盛校注.福州:福建教育出版社,2024.
周东平.新编中国茶文化简史[M].厦门:厦门大学出版社,2024.
张渤,叶国盛.福建茶文化十讲[M].福州:福建教育出版社,2024.

后 记>>>

世界文化与自然双遗产地武夷山，不仅有着灵秀旖旎的山水，更有着丰富厚重的历史文化。武夷茶文化，就是其中颇为亮丽的一朵奇葩。

《武夷山水一壶茶——武夷茶文化知识通览》由南平市文化和旅游局、武夷山市人民政府编辑出版，武夷山市茶叶学会、武夷山市文体旅局、武夷山市文化馆组织专业人员采编撰写。该书以图文结合的形式，用较为精练的语言全面介绍武夷茶文化知识点，既可作为武夷山旅游行业或茶企业从业人员对外宣传讲解武夷茶文化的指导读本，也可作为喜爱武夷茶的茶友们了解武夷茶文化的“一本通”，对武夷茶的守正创新、规范推广有重要意义。

本书的编辑出版，得到了南平市委、市政府的高度重视和指导，得到了众多乡土茶叶专家以及社会群团组织的大力支持。武夷学院叶国盛老师承担了全书的审校工作；武夷茶制作技艺的传承人刘宝顺、刘安兴、梁骏德老师在武夷岩茶、武夷红茶的茶叶种植、制作等专业技术方面予以大力指导；武夷山茶文化艺术专家人才库的黄贤庚、刘健、邵长泉、林凌老师则对历史文化类内容的整理予以倾力相助；民间茶人刘宏飞、吴智成、赵建平等人热心地提供了私人收集收藏的资料和图片，导游协会陈光源、陈娟等人则提供了茶旅方面的丰富素材，在此表示衷心感谢！由于时间仓促，本书的编辑还存在不足之处，敬请读者提出建议意见，以便再版时进行勘正。

请到武夷来吃茶！

编者

2024年10月